计算机教学改革与实践研究

胡海涛　王　青　姚燕娜　著

中国原子能出版社

图书在版编目（CIP）数据

计算机教学改革与实践研究 / 胡海涛，王青，姚燕娜著. --北京：中国原子能出版社，2024.1

ISBN 978-7-5221-3247-1

Ⅰ. ①计… Ⅱ. ①胡…②王…③姚… Ⅲ. ①电子计算机–教学研究 Ⅳ. ①TP3-42

中国国家版本馆 CIP 数据核字（2024）第 006637 号

计算机教学改革与实践研究

出版发行	中国原子能出版社（北京市海淀区阜成路 43 号 100048）
责任编辑	杨晓宇
责任印制	赵 明
印 刷	北京天恒嘉业印刷有限公司
经 销	全国新华书店
开 本	787 mm×1092 mm 1/16
印 张	13
字 数	218 千字
版 次	2024 年 1 月第 1 版 2024 年 1 月第 1 次印刷
书 号	ISBN 978-7-5221-3247-1 **定 价** **72.00 元**

作者简介

胡海涛，男，毕业于哈尔滨理工大学，计算机软件与理论专业，硕士研究生，现工作于烟台汽车工程职业学院，副教授，学校团委书记。研究方向为计算机教学、学生管理与党团建设等，获评山东省高校优秀辅导员荣誉称号，参编教材《计算机应用基础项目化教程》，发表论文《基于BP神经网络和遗传算法的并行迭代优化研究》《信息化发展进程中的计算机公共基础课程教学设计分析》等5篇，主持或参与《社会主义核心价值观融入文明校园创建活动研究》等课题4项。

王青，女，毕业于东北师范大学，计算机技术专业，硕士研究生，现工作于烟台汽车工程职业学院，副教授。研究方向为计算机基础教学、数字媒体技术专业教学等，参与主编教材《C语言程序设计项目教程》，发表论文《矿进通风变频自动控制方法研究》，主持或参与《高职德育教育与企业文化的关系研究》《搭建微博微信平台，拓展大学生思想教育阵地——基于烟台汽车工程职业学院微信微博使用状况的思考》等课题3项。

姚燕娜，女，毕业于山东师范大学，计算机技术专业，硕士研究生，现工作于烟台汽车工程职业学院，讲师。研究方向为数字媒体技术专业教学等，参编教材《Java程序设计项目教程》，发表论文《基于计算机网络背景下数字媒体的应用研究》等，主持或参与《中非合作背景下影视制作技术员专业教学标准的研究与开发》等课题5项。

前言

随着社会的进步和科技的发展，计算机技术和通信技术已经取得了突破性的进步，极大地改变了人们的生活方式和工作环境。相应地，这种变化也引发了人们对人才需求的新思考。过去，计算机技术人才只需要掌握基本的计算机操作技能，但现在，社会需要的是具备应用能力和创新精神的综合性人才。计算机技术课程，尤其是计算机网络技术，已经逐渐成为高校学生的必修课程。这是由于计算机技术在现代社会中的重要性，以及计算机网络技术在推动社会发展、改善人民生活等方面的重要作用。然而，当前的高校计算机教学却面临着一系列的挑战和矛盾。

随着社会信息化进程的加快以及计算机教育事业的蓬勃发展，计算机应用已经深入各个领域。计算机教育事业面临新的发展机遇，能否熟练运用计算机也是当今社会衡量大学生综合素质的一项重要标准。培养高素质的技能型人才是推动国家经济发展的迫切需求。现代社会已经进入了数字化和信息化时代，无论是对个人还是整个社会来说，计算机技术都成为必不可少的工具。因此，对于学生来说，学习计算机技术已经成为迫切的需求。然而，面对迅猛发展的计算机技术，传统的计算机教学往往难以满足学生的需求。因此，目前需要对计算机教育教学进行改革，提高计算机教育质量，以培养出更加适应社会发展需求的高素质新时代人才。同时，为了让培养出来的计算机人才能更好地适应市场经济的发展需求，必须积极探索和创新专业教学改革，以真正实现培养社会及市场需要的高素质应用型技能人才的目的。

全书共分为五大章节，第一章为计算机教学概述，介绍了计算机概述、计算机教学方法、计算机教学模式、计算机教学应用。第二章为计算机教学现状与学生培养，论述了计算机课程教学现状、计算机教学培养体系、计算机学生培养方向、计算机学生培养目标。第三章为计算机辅助教学，阐述了计算机辅助教学理论、计算机辅助教学发展、计算机辅助教学课件开发与制作、计算机辅助教学模式、基于网络的计算机辅助教学。第四章为计算机教学改革，介绍了计算机教学设计改革，计算机教学体系改革，计算机核心课程教学改革。第五章为项目教学法在计算机教学中的应用实践，论述了项目教学法在计算机文化基础教学中的应用、计算机课程项目教学的设计、计算机课程项目教学的实施、计算机课程项目教学的评价。

在撰写本书的过程中，笔者参考了大量的学术文献，得到了许多专家学者的帮助，在此表示真诚感谢。本书内容系统全面，论述条理清晰、深入浅出，但由于笔者水平有限，书中难免存在疏漏之处，希望广大同行及时指正。

目 录

第一章　计算机教学概述

随着计算机技术以及教育改革的发展，传统教学模式的弊端逐渐显露，计算机教学被人们重视起来。本章为计算机教学概述，主要包括4个方面的内容，分别是计算机概述、计算机教学方法、计算机教学模式、计算机教学应用。

第一节　计算机概述

一、计算机定义

计算机，俗称电脑，是现代社会中用于高速计算的电子设备，具有数值计算、逻辑计算和存储记忆功能。它能够按照程序运行，自动、高速处理大量数据，由硬件系统和软件系统共同构成。根据用途和性能的不同，计算机可以分为超级计算机、工业控制计算机、网络计算机、个人计算机和嵌入式计算机 5 类。随着科技的发展，新型计算机如生物计算机、光子计算机和量子计算机等也在不断研发中。

计算机发明者是约翰·冯·诺依曼（John von Neumann）。计算机的应用已经渗透到人们生活的方方面面。在教育领域，计算机技术已经改变了教学方式和学习方式，使得教育更加个性化和智能化。在医疗领域，计算机技术的发展已经使得医疗诊断更加准确和快速，医疗管理更加高效。在商业领域，计算机技术的发展已经使得商业活动更加便捷和高效，推动了电子商务和数字化营销的发展。

二、计算机特点

计算机的初期应用主要集中在数值计算上，这是因为计算机最初的设计目的是解决复杂的数学和科学问题。在这个时期，计算机还是一种庞大、昂贵且稀有的设备，通常只在科研、军事和金融等重要领域使用。

然而，随着计算机技术的飞速发展，尤其是在晶体管和集成电路出现之后，计算机的体积逐渐缩小，价格也逐渐变得更为亲民，使得它们能够被更广泛地应用在各种领域。这些技术进步引领了计算机应用的爆炸式增长，从早期的数值计算扩展到了自动控制、信息处理、智能模拟等各个领域。

（一）记忆能力强

计算机中的存储装置通常指的是硬盘、固态硬盘（SSD）或光盘等。这些存储设备可以长久存储大量的文字、图形、图像、声音等信息资料，以及存储指挥计算机工作的程序。

（二）计算精度高

计算机具有高度的可靠性，其差错率极低，通常仅在人工介入的情况下才有可能出现错误。这得益于计算机内部独特的数值表示方法，使得其有效数字的位数相当长，可以达到百位以上甚至更高，从而满足了人们对精确计算的需求。

它可以完成人类无法完成的高精度控制或高速操作任务。同时还具有可靠的判断能力，以实现计算机工作的自动化，从而保证计算机控制的判断可靠、反应迅速、控制灵敏。

在科学研究和工程设计中，对计算结果精度有很高要求。传统计算工具如数学用表通常只能提供有限的有效数字，而计算机作为现代强大的计算工具，可以轻松达到十几位、几十位甚至任意精度的结果。这使得计算机在科学研究和工程设计领域具有巨大优势，能够提供更准确的数据支持。

（三）高速处理能力

运算速度是计算机的一个重要性能指标，代表每秒钟能够执行的运算指令数量。它与 CPU 的主频、字长、缓存等因素密切相关。主频越

高，每秒钟执行的指令周期越多，运算速度也就越快。字长越大，计算机能够一次性处理的二进制数据位数越多，运算效率越高。缓存能够提高 CPU 的读取速度，降低数据读取延迟，从而提高运算速度。总之，运算速度是衡量计算机性能优劣的重要标准之一，它直接影响计算机的处理效率和用户体验。

计算机高速运算的能力极大地提高了工作效率，从而解放了人们的脑力劳动。通过快速处理和分析大量数据，计算机能够迅速找到解决问题的方法，减少了人们需要花费在烦琐任务上的时间和精力。此外，计算机的自动化功能使得许多重复性工作可以自动完成，使人们能够专注于更有创造性和战略性的任务。计算机还提供了即时的通信和信息共享服务，使得团队合作更加高效。总之，计算机的高速运算能力为人们节省了更多的时间和创造了更多机会，使他们能够更好地发展自己的潜力，推动社会进步。

（四）自动完成各种操作

计算机是一种智能设备，能够自动完成各种操作。通过编程，人们可以运用计算机执行特定的任务，如处理数据、控制机器、管理文件、执行逻辑运算等。计算机内部使用二进制代码来表示信息和指令，并通过中央处理器（CPU）来执行这些指令。计算机还能够存储和检索信息，使得人们可以随时访问所需的数据和程序。随着人工智能技术的发展，计算机还能够学习和自我改进，进一步提高其自动化操作的效率和准确性。

（五）存储容量大

计算机存储容量巨大，可满足人类各种需求。借助先进的存储技术，如固态硬盘（SSD）和云存储，计算机能够轻松存储海量的数据、文档、照片和视频，这不仅为个人用户提供了方便，还为企业、学校和政府部门实现了高效的数据管理。随着存储技术的不断发展，计算机的存储能力还将进一步提升，为人类创造更多价值。

三、计算机分类

计算机的分类方法较多，下面介绍3种常用的分类方法。

（一）按处理的对象划分

计算机按处理的对象划分可分为模拟计算机、数字计算机和混合计算机。

1. 模拟计算机

模拟计算机是一种利用模拟技术来处理信息的计算设备，它使用电子元件和电路来模拟计算机的逻辑操作，从而实现对数据的处理和分析。与数字计算机不同，它使用连续的模拟信号来表示数据，而不是离散的数字信号。这种模拟信号可以表示任何实数，使得模拟计算机在处理连续变化的数据时非常有效。虽然模拟计算机在某些方面比数字计算机更灵活，但它也存在一些限制。例如，模拟计算机的处理速度较慢，而且难以实现复杂的数字计算。此外，模拟计算机的输出结果也容易受到噪声和干扰等因素的影响。

2. 数字计算机

数字计算机是一种能够接收、处理和输出数字信息的电子设备。它由硬件和软件两部分组成，硬件包括中央处理器、内存、输入输出设备等，软件则是用于控制计算机操作的程序。数字计算机通过二进制代码来表示和处理信息，能够进行各种算术运算、逻辑运算和数据存储。通过编程，数字计算机可以实现各种应用程序，如文本处理、图像处理、音频处理、数据分析和人工智能等。

3. 混合计算机

混合计算机是一种将数字电子计算机和模拟电子计算机相结合的计算机，能够同时处理数字和模拟信号，具有非常高的计算精度和灵活性，可以应用于各种领域，如科学研究、工程设计、金融分析等。

（二）按计算机的用途划分

根据计算机不同用途，计算机可分为通用计算机和专用计算机

两种。

1. 通用计算机

通用计算机是一种可以执行任何计算任务的计算设备，用于处理各种不同类型的数据和算法，包括数字和符号计算、数据处理、图形和图像处理、音频和视频处理、网络通信等。通用计算机的核心是中央处理器（CPU），它可以执行各种指令和操作，从而实现各种计算任务。通用计算机的普及和发展推动了人类社会的数字化和信息化进程，通用计算机已经成为现代社会不可或缺的重要组成部分。

2. 专用计算机

专用计算机是一种为特定任务或应用程序而设计的计算机。它可以在特定领域或应用程序中提供更高的性能和效率，通常比通用计算机更昂贵、更定制化。例如，图形处理单元（GPU）就是一种专用计算机，用于处理图形和计算任务，而量子计算机则是另一种专用计算机，用于处理某些类型的加密和优化问题。

（三）按计算机的规模划分

计算机的规模由计算机的一些主要技术指标来衡量，如字长、运算速度、存储容量、外部设备、输入和输出能力、配置软件丰富度、价格等。

1. 巨型机

巨型机指的是超大型计算机，和普通的微型个人计算机相比，它的运算能力有着巨大的优势。巨型计算机的运算速度很高，可每秒执行几亿条指令，同时其数据存储容量很大，规模大，结构复杂，价格昂贵，主要用于大型科学计算。它也是衡量一国科学实力的重要标志之一。

2. 小巨型机

小巨型机又称小超级计算机或桌上型超级电脑，指采用精简指令集处理器，性能和价格介于 PC（personal computer，个人计算机）服务器和大型主机之间的一种高性能 64 位计算机。

3. 大型主机

大型主机是一种用于处理大量数据和运行复杂应用程序的大型计

算机系统，通常被用于需要高可用性、高性能和高度安全性的关键任务应用程序，一般用于银行、金融、医疗、政府等领域。大型主机通常具有强大的处理器、大容量的内存和存储，具有高度可靠性和稳定性等特点，可以满足对数据处理和运算能力有极高要求的应用需求。

4. 小型机

小型机是用于商业和个人使用的计算机，通常比大型机和超级计算机更小、更便宜，但性能也相对较弱。

5. 微机

微机是一种计算机，通常是指个人电脑或小型计算机，可以放在桌面上或携带在身上。

四、计算机应用领域

计算机是一种高度自动化的信息处理设备，尤其是采用了大规模和超大规模集成电路以后，其运算速度更快，计算精度更高，存储容量更大，逻辑判断能力更强。现代计算机已具有非常高的可靠性，可以长时间连续无故障地工作。计算机的应用已渗透到社会的各个领域，正在改变着人们的工作、学习和生活的方式，推动着社会的发展[①]。它不仅可以用来进行科学计算、信息处理，还广泛用于工业过程控制、计算机辅助设计、计算机通信、人工智能等领域。

（一）科学计算

科学计算是微型计算机最早的应用领域之一，主要应用于科学研究、工程设计、数据分析等方面。早期的微型计算机由于体积小、成本低、易于操作和维护，被广泛应用于实验室、科研机构等领域。科学计算机可以进行各种数学运算、数据分析和模拟，为科学家提供便利的工具，促进科学研究的进展。例如，在天文学、物理学、化学、生物学等领域，科学计算机都发挥了重要作用，帮助科学家解决了许多复杂的问题。

① 戴晶晶，胡成松.大学计算机基础[M].成都：电子科技大学出版社，2020.

早期的计算机主要用于科学计算，从基础研究到尖端科学，由于采用了计算机，许多人力难以完成的复杂计算迎刃而解。

（二）过程控制

计算机过程控制是一种利用计算机技术对生产过程或工业过程进行实时监控和控制的方法。通过将传感器、执行器和其他设备与计算机系统相连接，可以实现对各种物理量、化学量以及生产过程中的各种参数的实时监测和控制。这种方法可以提高生产效率、降低生产成本，同时提高产品质量和生产安全。计算机过程控制广泛应用于化工、电力、石油、制药等行业。

（三）数据处理

计算机数据处理是指利用计算机技术对各种数据进行收集、存储、整理、分析、传输和应用的过程。随着数字化时代的到来，计算机数据处理已经成为各个领域中不可或缺的一部分，包括商业、科学、医疗、政府、金融、教育等领域。

计算机数据处理在各个领域中都有广泛的应用。例如，在医疗领域中，计算机数据处理可以用于诊断疾病、研究药物、分析医疗数据等。在商业领域中，计算机数据处理可以用于市场分析、销售预测、客户关系管理等方面。在政府领域中，计算机数据处理可以用于社会统计、政策制定、公共安全等方面。

（四）计算机通信

计算机通信是指通过计算机网络，利用通信设备和通信线路将地理位置不同的计算机互相连接起来，实现数据传输和资源共享。在计算机通信中，数据传输采用数字信号或模拟信号，通过调制、解调、编码、解码等过程实现。计算机通信具有高效、快速、准确等特点，广泛应用于各种领域，如科学研究、工程设计、金融交易、医疗保健等。通过计算机通信，我们可以实现远程控制、远程办公、电子商务等多种功能，这极大地促进了社会信息化和数字化的发展。

（五）多媒体应用

计算机多媒体应用是将文字、图片、音频、视频等多种媒体信息进行整合和处理的技术，它广泛应用于娱乐、教育、广告、设计等领域，为人们提供丰富、直观、生动的信息体验。随着科技的进步，多媒体应用已经从传统的桌面应用发展到了移动设备、网络平台等多样化形式。未来，计算机多媒体应用将在人工智能、虚拟现实等技术的推动下，进一步融合创新，为人们的生活带来更多便利和乐趣。

（六）计算机网络

计算机网络是指将地理位置不同的多台计算机及其外部设备通过通信线路连接起来，以实现资源共享和信息传递的系统。其核心功能是让不同的计算机之间能够进行通信，从而实现数据传输、文件共享、远程控制等多种应用。计算机网络的发展经历了多个阶段，从局域网到广域网，从有线到无线，从低速到高速，其应用范围也越来越广泛，涉及生活、工作、娱乐等各个方面。

（七）信息管理

信息管理是指对信息进行有效存储、处理、保护和使用的过程，旨在确保组织能够高效地利用信息资源。它涉及多个方面，包括信息收集、存储、分类、检索、分析和传递。通过信息管理，企业可以提高决策效率、降低运营成本、增强竞争力。信息管理需要借助信息技术手段，如数据库、网络、软件等，进行信息的采集、整理、存储、传输和应用。信息管理对于个人、企业和国家的发展具有重要意义。

大多数计算机主要应用于信息管理，成为计算机应用的主导方向。信息管理已广泛应用于办公自动化、企事业计算机辅助管理与决策、情报检索、图书馆管理、电影电视动画设计、会计电算化等各行各业。

随着信息技术的发展，计算机在我们的日常生活中扮演了越来越重

要的角色，有专家预测，今后计算机技术将朝着高性能、网络化与大众化、智能化与人性化、节能环保型等方向发展。随着时代的发展、科技的进步，计算机已经从尖端行业走向普通行业，从单位走向家庭，从成人走向少年，我们的生活已经不能离开它。随着 21 世纪信息技术的发展，网络已经成为我们触手可及的东西。网络的迅速发展，给我们带来了很多的方便、快捷，使得我们的生活发生了很大的改变，以前的步行逛街已被网络购物所替代，以前的电影院、磁带、光盘已被网络视听所替代。计算机的发展进一步加深了互联网行业的统治地位，现在互联网在人们的心中有着重要的地位，人们的大部分活动都从互联网开始。

现在是一个动动鼠标就可以获取知识的时代。现在很多事情，人们都会通过网络搜索来解决，这足以看出互联网对我们的影响，网络搜索可以让我们在很短的时间内就上知天文下知地理。在网络上我们可以随时获取我们想要的知识，而只需要花费很少的时间。网络时代的到来，增加了我们获取知识的渠道，我们再也不需要拿着沉重的书籍穿梭在茫茫人海中，而只要随身携带一台便携式计算机，在我们需要的时候连接到互联网上，就可以实现海量知识的随取随用，这种获取知识的模式使人们的生活方式得到了很大的简化。

以前我们的娱乐方式主要有打球、旅游、看书、逛街等。随着计算机在我们的生活中越来越普及，我们不再局限于以前的传统娱乐方式，现在我们通过互联网足不出户就可以看到最新的电影；在网络上我们还可以结交朋友，向他们倾诉自己的一些烦恼，因为彼此都是虚拟的，所以可以毫无压力地敞开心扉。网络的快速发展过程中，其中有一大半的功能都用来休闲娱乐。随着网络的发展，网络视听语言功能越来越受到人们的喜爱，现在人们可以随意地欣赏自己想听到的歌曲和想看到的电影，这种简单快捷的娱乐方式已经慢慢地被人们认可，也对人们的生活方式产生了很大的变化。网络虽然带给了我们更多的娱乐方式，但是网络会让人们变得越来越封闭，从而使真实世界里的关系越来越疏远。其实，网络的出现虽然使人们在自己的那一方封闭的空间便可以得到压力缓解，但是却隔断了人与人之间的互相沟通、互相了解。

互联网的快速发展催生了一个新的购物模式——电子商务。电子商务就是卖家通过网络展示自己的产品，买家也通过网络查找自己想买的东西，通过网络支付进行交易，足不出户就能买到自己想要的东西，比如淘宝、京东商城、当当网，这些都是当下最受欢迎的电子商务网站。现在的电子商务越来越多样化，触及人们生活的各个方面，衣食住行样样都有，对于现在的年轻人来说，网络购物已经成为其日常生活的一部分。网络的发展使得通信功能变得更加流行，而网络的流行也使得通信功能家喻户晓。而随后出现的软件，如QQ、微信、微博等都成为人们互相沟通的方便快捷的工具。最原始的通信方式是在动物的骨骼上刻字来传达信息，之后人们发明了造纸术，这也成了代替前者的工具，它不仅记载简单，而且携带方便，因而成为当时最流行的通信工具，但它的传播速度是很慢的，而且没有很好的安全性。目前，随着计算机的普及，互联网成为当下的主流通信方式，网络的出现使得通信模式越发简单化、方便化，也越发及时。人们可以通过网络实现全球的通信，只要有网络存在的地方，就可以随时通信，不仅速度快，而且信息的安全性高。网络通信功能在潜移默化地改变着我们的生活规律和原有的生活方式，让我们的生活距离越来越近。

第二节　计算机教学方法

信息技术时代是人类社会在信息科技方面取得巨大进步和广泛应用的时代。在这个时代，计算机、互联网、大数据、人工智能等技术得到了飞速发展，改变了人们的生活、工作和学习方式，推动了社会的进步。

计算机教学是一种涵盖信息技术、计算机科学、数字媒体等领域的教育方式，主要目标是培养学生的信息素养和数字技能，帮助他们理解和应用现代计算机系统和相关技术。教学内容通常包括计算机基础、操作系统、办公软件、编程语言、数据管理、网络安全、多媒体制作等。教学方法包括理论课程、实践操作、项目合作、问题解决等，旨在培养学生的实际操作能力和创新思维。

信息技术课程旨在教授学生关于计算机和技术方面的知识和技能，包括计算机硬件和软件的基本原理、编程语言、网络安全、数据库管理、网页设计和开发等内容。这些课程对于培养学生在未来职场中的信息素养和技术能力非常重要。

一、打比方

在讲述计算机工作过程时，打比方是一种非常有效的教学方法。可以将计算机比作人的大脑，具体步骤如下：① 将计算机的输入设备，如键盘、鼠标、扫描仪等，比作人的感官输入，如眼、耳等；② 将计算机的主机比作人脑，能记忆并将信息进行分析处理；③ 将计算机的输出设备，如显示器、打印机等，比作人脑中的信息输出需要经过口或笔。通过这种比喻，可以帮助学生更好地理解计算机的工作过程。

二、演示法

计算机演示教学法作为一种教学方法，通过使用计算机和多媒体演示来向学生展示知识和技能。这种教学方法可以提高学生的学习效果和兴趣，并且可以帮助学生更好地理解抽象的概念。

三、竞赛法

计算机竞赛法教学是一种创新的教学方法，通过组织学生参加计算机竞赛来提高他们的编程技能和解决问题的能力。这种方法强调实践和团队合作，鼓励学生探索和尝试新的编程技巧，以提高他们的技能和知识水平。通过参加竞赛，学生可以更好地理解计算机科学的基本概念，同时也可以提高他们的自信心和竞争力。

四、因材施教法

因材施教指的是通过分析学生的学习进度、兴趣和需求，为每个学生提供定制化的学习资源和指导。这种方法利用计算机技术和大数据分析，实现对学生的精准评估和教学策略调整，以提高学生的学习效果和满意度。

教无定法，总之，要教好计算机学科，关键在于激发学生学习兴趣，让学生主动、愉快地学习，满足他们的求知欲。这样才能取得良好的教学效果。

最近，在计算机技术和网络技术迅猛发展推动下，网络教学从理论走向现实。网络呈现出的图像、声音以及灵活的编辑性，给过去的教学手段造成了巨大的冲击。计算机教学要求学生掌握计算机实际操作方面的技能，结合网络进行教学可以发挥传统授课方式和网络教学的长处。让学生参与教学，以加强实践教学，提高学生实践技能。参与型教学需要教师转变角色，从讲演者变为指导者、组织者和协助者，同时鼓励学生自主探究学习，使之成为学习的主体。这种教学方法有助于增强学生的主体意识和主体地位，提高他们的学习能力、沟通能力和操作能力。参与型教学的核心实现方式是教师和学生的角色互换。这意味着教师需要采用更为引导性的方式，激发学生的主动学习能力，而非单纯地讲解理论知识。与此同时，学生也需要从被动接受知识的角色转变为自主探究的学习者。他们需要被赋予更多的主动权和责任感，通过积极参与和实践，自行探索和发现知识，从而完成体验式学习的过程，这种转换不仅使学生能更深入地理解和掌握知识，还培养了他们的独立思考能力和解决问题的能力。它强调了学生在学习过程中的主体性，使他们能更积极地参与学习，从而提升学习效果。

在信息爆炸的时代，学生具备筛选、分析、运用信息的能力至关重要。信息素养包括判断信息真实性、准确性和时效性，有效获取和传播信息，以及将信息用于解决问题和创新。在科技快速发展的背景下，创新能力成为推动社会进步的重要力量。创新能力包括批判性思维、跨学科思考、发现和解决问题的能力，以及将创新成果转化为现实生产力的能力。计算机技术是高新技术发展的基石。新型技能人才需具备计算机编程、软件开发、数据分析、人工智能等技能，以适应科技发展的需求。

第三节　计算机教学模式

一、基于现代教育技术的计算机教学模式

现代教育技术在计算机教学中扮演着至关重要的角色，它不仅改变了教学方式，还为学生提供了更丰富的学习体验。现代教育技术的基本概念包括数字化学习、智能化教学、网络化教育等。在计算机教学中，现代教育技术可以应用于在线学习、虚拟实验室、智能化评估等方面。通过应用现代教育技术，计算机教学可以更加生动有趣，提高学生的学习兴趣和参与度。此外，现代教育技术还可以为学生提供更多的自主学习机会，促进其独立思考和解决问题能力的提高。基于现代教育技术的计算机教学模式，可以更好地满足学生的个性化需求，提高教学质量和效果。

现代教育技术以其独特的特性和功能，改变着传统的教学模式，为现代教育带来革命性的变革。它以现代化的教学方法为核心，运用现代信息技术，使教育教学方式更加多元化、科学化、智能化。现代教育技术不仅可以满足现代科学技术的需求，而且还可以更好地满足学生的学习需求。它通过整合信息的形成、传递、转换等过程，实现了信息的智能化处理和传递，让学生更加便捷地获取信息，更加高效地学习知识。此外，现代教育技术还结合了数字技术和大数据技术等前沿课题，为学生提供了一个更加轻松的学习环境。学生可以通过网络、数字媒体等渠道，实现自主学习、自我管理，更好地发挥自己的潜力，实现高质量、高水平和优化的教育改革，满足社会需求。总之，现代教育技术以其独特的特性和功能，为现代教育带来了巨大的变革。

传统计算机教学模式的缺点，主要集中在以教师为中心的教学方式、强调理论教育、缺乏实践和互动等方面，导致学生缺乏学习热情，教学成效不佳。

当前教育体系中存在 4 个问题：① 教学关系定位不明确，导致学生思维受限；② 课程设计缺乏指向性，学生难以透彻理解知识；③ 学

习信息内容不够广泛，课程内容与社会需求脱节；④ 教学效果评价不佳，实践与理论教学未达平衡，影响学生知识运用能力的提高。

现代教育技术的应用可以弥补传统教学的不足，提供更丰富、多样化的学习体验。通过在线教育、互动课堂等方式，学生可以与老师进行更多的交流和互动，掌握更多的知识和技能。同时，教育改革也需要解决一些重要的问题，例如，课程设计应该更加注重实践性和实用性，让学生能够更好地应对现实生活中的问题。教育理论虽然重要，但不应该占据教学的全部，实践和经验同样重要。只有将现代教育技术与实际问题相结合，才能真正实现教育的改革与发展。

传统教学模式往往以教师为中心，学生只是被动地接受知识。这种模式存在许多问题，比如学生的参与度低、学习效果不佳等。而现代教育技术的出现，为教育带来了新模式，将学生的课堂参与度提高，并将授课主体从教师转移到学生层面。这种新模式强调学生的主动性，鼓励他们通过自主学习和合作学习来掌握知识。通过使用现代教育技术，如在线学习平台、互动式教学工具等，学生可以更加深入地理解课程内容，并且可以更加灵活地学习知识。教师的角色也发生了变化，他们更多的是作为指导者和辅导者，帮助学生解决问题和提供反馈。这种新模式有助于提高学生的学习效果，培养他们的创造力和批判性思维能力，为未来的发展做好准备。

现代教育技术的应用可以提高学生的学习主动性，增强他们对知识的兴趣和提高积极性，从而提高学习效率。教师需要将现代教育技术与传统教学方法相结合，以实现更优化的教学模式。现代教育技术包括计算机、网络、多媒体等，可以为教学提供丰富的教学资源，如在线视频、电子书籍、虚拟实验室等，这些资源可以激发学生的学习兴趣，增强他们的学习体验。现代教育技术还可以提供更多的交互性和自主性，让学生更好地掌握知识和技能。

然而，传统教学方法也有其独特的优势，如教师与学生之间的面对面交流、教师对学生的个性化指导等。因此，教师需要将现代教育技术与传统教学方法相结合，以实现更优化的教学模式。例如，教师可以在课堂上使用多媒体展示教学内容，然后与学生进行讨论和互动，以加深

学生对知识的理解和掌握。教师还可以利用网络和多媒体资源，为学生提供更多的学习材料和自主学习的机会，以激发学生的学习兴趣和主动性。

现代教育技术的应用可以提高学生的学习效率和兴趣，但教师需要将其与传统教学方法相结合，以实现更优化的教学模式。

传统多媒体设备的演播式教学模式已被证明是一种有效的教学方式，能够吸引学生的注意力，提高学生的学习兴趣，使学生更好地掌握知识。随着经济的发展，大部分学校已经配备了相对不错的多媒体教学设备，这些设备将在未来的教学模式下继续推广应用。这种教学方式运用了视觉、听觉和互动元素，使学习过程更加生动有趣，有助于提高学生的学习效果。

互动式网络学习是一种现代教育技术，通过计算机系统布置学习任务，教师可以实时了解学生的学习情况并提供指导，同时学生也可以自由展示自己的知识缺失并巩固有问题的内容。这种方法有效地提高了学生的实践能力，增强了师生之间的交流和合作。通过网络课堂，学生可以根据自己的学习进度和兴趣进行学习，灵活安排学习时间，提高学习效率。同时，互动式网络学习还提供了丰富的学习资源和多样化的学习方式，使学生能够更好地理解和掌握知识。教师可以根据学生的学习情况进行个性化指导和反馈，帮助学生解决问题和提升其学习能力。此外，学生之间也可以通过网络平台进行互动和合作，促进彼此之间的学习和成长。总之，互动式网络学习是一种有效且重要的现代教育技术，对于提高学生的学习效果和培养实践能力具有积极的作用。

现代教育教学模式借助互联网的开放性实现了虚拟实验的计算机教学实践，使得无法利用校园设施完成的实验成为可能。通过网络远程访问实验环境，实验室资源得以共享和共用，地域限制得以突破。虚拟实验室利用软件技术，支持多人同时操作，无须实体实验室，只需电脑即可完成实验，支持实时记录数据，为教育教学提供了极大便利。这种模式不仅丰富了教学手段，提高了教学效果，也使教育资源得到更公平的分配，为我国教育事业发展注入新的活力。

传统计算机教学模式和现代教育技术深度结合的计算机教学模式

存在优点和缺点，因此需要将两者有机结合，取长补短。

首先，在学习过程中，我们应该平衡传统教学方法与现代教育技术之间的关系，以达到最佳的学习效果。传统的教学方式虽然有局限性，但与现代教育技术相结合，可以达到更理想的学习效果。因此，在计算机学习中应综合运用传统的学习方法，包括传统的黑板、插图、模型等，从而使传统计算机教学模式在现代教育技术的辅助下焕发出新时代风采。

其次，利用大众媒介对高新技术进行适当科普也是必要的。计算机学习的问题一直与科技发展的极限紧密相连。如果他们不能继续跟上技术发展的步伐，按照传统教育模式培养的学生将随着时间的推移而被淘汰。因此，教师在组织学习活动时，还可以对课程内容之外的边界知识进行介绍，加深学生对科学边界的理解。计算机培训必须充分共享大型媒体平台、发行活动、学术会议等高科技成果，把科学素养教育的阵地推进到科研一线，让学生在科学的极限上被实时跟踪。这不仅对计算机学习有用，也对其他学科的教学工作大有裨益。

再次，我们还应该运用传统、现代化的辅助教学手段。从现行计算机教育学自然模式存在的问题来看，许多高校在学习活动的组织上重复旧的教学内容。这种方法容易使得学生默认使用机械地背诵知识点以应付考试的方式来学习计算机这门课，这会极大地降低他们的学习兴趣。因此，建议教师在教学过程中不要把重点放在课程上，而是将更多的学习方法结合起来，如板书、实践练习、问答、示范等，在丰富课程内容的同时，应当注意授课的方式方法和课堂的活跃氛围，以实现更好的授课效果。

最后，精细化布置教学过程和营造场景也是必要的。学习的过程是一种互动、效力、沟通和技术的过程，现代教育为实现这一理念提供了很好的前提条件。启动课堂时，教师必须作为现代教育先进技术的实践者，为课堂提供丰富多样的教学场景。例如，可以利用软件制作虚拟化、三维立体的教学场景，并与实物模型相结合，让学生更彻底、更通透、更翔实地了解原理，这会对整个教学过程起到促进作用。

现代教育的理论与计算机技术的深入结合，为计算机学习模式的改

革提供了重要支持。计算机的开发和理论实践规律，为计算机教育提供了更好的培训教学、教学资源，实现了教学风格的巨变，推动了计算机这门理论与实操兼具的学科发展。这种结合不仅有助于解决传统计算机学习问题，而且为更好地培养优秀人才群体提供了有力支持。现代教育的理论与计算机技术的深入结合，为计算机教育的发展注入了新的活力，为培养更多、更好的计算机专业人才奠定了坚实的基础。

二、以就业为导向的计算机教学模式

我国教育事业近年来蓬勃发展，尤其是计算机专业领域更是备受学生追捧。不过，在校期间学习计算机技能对学生来说颇具挑战性。许多学校的计算机教育仍然坚持以应试教育为导向的模式；在教学中，未能有效引导和激发学生的学习兴趣和动力。教学目标和内容与就业市场的需求相差甚远，导致许多毕业生在就业过程中遭受挫折，这是一个广泛存在的问题。因此，我们需要建立一种创新的教学模式，能够满足就业市场的需求，同时使学生更有效地掌握计算机技能并更容易地进入职场。

学校在培养应用型人才方面存在定位不清、课程设计不合理、与社会需求脱节等问题。解决方案包括：明确办学定位，确保课程设计满足学生个人发展和社会就业需求；更新优化计算机课程，解决毕业生职业技能与实际岗位需求不符的问题；加强就业指导，结合企业实际需求，输送更多优质的应用型人才。只有这样，学校才能更好地满足社会对应用型人才的需求，同时也能帮助学生实现个人发展。

传统的教学方式存在一定的弊端，容易出现学生机械式记忆、缺乏实践参与和容易走神等问题。由于学生基础知识薄弱、学习积极性不高，教师采取全面讲解、让学生跟随教学节奏的学习方式，虽然与传统的理论授课模式相似，但由于缺乏硬件和软件的支持，使得学生的学习热情不高。为了改善这种情况，教师可以尝试采用更加多样化的教学方法，如案例分析、小组讨论、实践操作等，以激发学生的学习兴趣和积极性。同时，学校也应当提供必要的硬件和软件支持，为学生创造更好的学习环境。

近年来，我国教育领域获得了显著的发展，学生数量持续增长。然而，学校的软硬件设施并未同步提升，尤其在计算机实训室数量方面存在明显的不足。实训室的缺乏导致学生缺乏实际操作的机会，从而影响了理论与实践的结合，限制了学生的动手能力和思维的发展。尽管“双元制”培养模式和校企合作取得了一定的成效，但在企业实习期间，学生仍然面临着工作单一、培训不足等问题。企业对学校教育内容针对性实践指导的不足，使得学生难以将理论知识与实际工作相结合，从而影响了他们的学习动力。总的来说，我国教育领域在规模上的发展显著，但在硬件设施和教育内容的实践性上仍有待提升。

在当今信息时代，计算机技术已经成为各行各业不可或缺的工具。因此，计算机教学应该以就业为导向，注重培养学生的实际能力和就业核心竞争力。

首先，计算机教学应该满足实际岗位需求。教师应该根据行业发展趋势和实际需求，制订符合市场需求的教学计划和课程安排。学生应该学习最新的技术和应用，掌握实际工作中需要的技能和方法。例如，在软件开发领域，学生应该学习各种编程语言、开发工具和框架，以及学习软件设计、测试和维护等实际技能。

其次，计算机教学应该注重实践教学。学生应该通过实践项目来掌握实际技能，积累实际经验。实践教学可以采用多种形式，如实验室实践、课程设计、实习实践等。教师应该为学生提供良好的实践环境和实践机会，让学生能够在实践中不断成长和提高。

再次，计算机教学应该注重培养学生的创新能力和综合素质。学生应该学习计算机科学的基本原理和方法，掌握计算机技术的最新发展动态，具备一定的创新能力和综合素质。例如，学生应该学习算法和数据结构等基本原理，掌握计算机网络、数据库和操作系统等基本知识，以及具备良好的沟通、协作和团队合作能力。

最后，计算机教学应该注重提高学生的就业竞争力。教师应该与行业企业合作，了解企业需求和招聘标准，为学生提供实用的就业指导和职业规划。学生应该积极参加各种就业活动，如招聘会、实习和求职等，提高自己的就业竞争力。综上所述，计算机教学应该以就业为导向，满

足实际岗位需求，提高学生就业核心竞争力。

为了满足学生就业需求，同时提高教师教学水平和推进课程建设的完善，我们需要开展以就业为导向的计算机教学。计算机教学模式应该以就业为导向，这样可以更注重提高学生的技能和实践能力。同时需要全面改善课程设置和教学方式，以更好地顺应市场需求和时代潮流。这也会激励教师更加积极地思考、改进课程设置和教学方法，以更好地完善课程。另外，教师可以更好地将市场需求和实际情况结合起来，创新课程内容和教学方式，让学生更加注重提高实践和运用技能的能力。采用这种教学方法来进行教学，不仅可以提高教学效果和教育质量，还可以增强教师的教学能力。同时，这种方法还能够激发教师的教学热情和创新意识，进而提升其教学荣誉感和职业认同感。通过不断优化计算机课程的设计，并提升教师的教学水平，能够更有效地为社会培养高质量的计算机专业人才，助力学生在当今全球化信息时代中立足于高端市场。

以就业为导向的计算机教学模式应将学生的职业规划作为教学的出发点和落脚点，注重培养学生的实际应用和操作能力。在具体的教学实践中，教师会根据市场需求和社会变化，针对不同岗位，设置不同的课程内容和实践环节，让学生更好地认识到岗位对理论知识的需求。以就业为导向的计算机教学模式，注重培养学生的职业素养和实践操作能力，需要结合实际需求和职业趋势，制定教学方案和实践方案，做到理论与实践相结合，并充分发挥学生的主动性和创造性。在以就业为导向的计算机教学模式下，教师不断深入教学实践，了解行业的变化和趋势，及时了解学生的就业需求和背景，升级教学理念和教学技能，创新教学方法，从而更好地培养学生的职业能力。基于上述认识，以就业为导向的计算机教学模式，不但能够优化教学模式，提高教学质量，而且推动了计算机课程的教学改革，为促进学生就业创造了更多的机会。

以就业为导向的计算机教学模式应立足市场需求，明确教学目标和课程设置。首先，要深入了解行业趋势，以保证教学内容的前瞻性和实用性。其次，教学内容应涵盖基础知识、应用技巧与实践能力、创新型实践课程以及企业定制化的技术培训，全方位提升学生的专业素养。在教学内容的设置上，应遵循科学性、系统性和灵活性原则。科学性体现在课程内容的编排上，要保证知识体系的完整性和严密性，使学生能够系统地掌握计算机领域的核心知识。系统性则强调课程之间的关联性，使学生能够将所学知识融会贯通，形成自己的知识体系。灵活性则体现在课程的更新和调整上，要根据行业发展和社会需求，及时更新教学内容，使课程始终保持时代感和活力。再次，在教学过程中应注重培养学生的实践能力和创新精神。通过设置实践性强的课程，让学生在动手实践中掌握专业技能，提高解决实际问题的能力。同时，鼓励学生参与各类竞赛和创新项目，培养其创新意识和团队协作精神。最后，教学模式还应与企业紧密合作，开展定制化的技术培训，使学生能够更快地适应职场需求，提高其就业竞争力。学校可与企业共同制定课程标准，邀请企业专家进行授课和实践指导，为学生提供实习和就业机会。综上所述，以就业为导向的计算机教学模式应紧密围绕市场需求，科学设置教学内容，培养学生的实践能力和创新精神，并加强与企业的合作，以提高学生的就业竞争力。这样的教学模式将更好地满足社会对计算机人才的需求，为我国计算机产业的发展贡献力量。

以就业为导向的计算机教学模式应该转变理念，变应试教育为素质教育。第一，转变教学理念。传统的应试教育更注重考试成绩和录取率，而素质教育更注重发展学生的综合素质、能力和创新思维。在以就业为导向的计算机教学模式中，教师应积极转变教学理念，让学生从单纯的学习知识向发展实践能力、创新能力、团队协作能力等方向转变。第二，改变教学方法。传统应试教育模式强调通过“填鸭式”教学方式灌输知识，素质教育则强调通过采用丰富多彩的教学方法，如案例教学法、探究式教学法或项目式教学法等，让学生更深刻地理解和学习所需要的知识和技能。第三，加强实践教学。传统的应试教育强调教材的记忆和应试技巧，而在以就业为导向的计算机教学模式中，需要强化实践教学，让学生通过实践操作掌握应用技术，并将知识进行转化运用。总之，在以就业为导向的计算机教学模式中，教师应积极转变教学理念和改进教学方法，变应试教育为素质教育，从而更好地培养出符合职业要求和社会需求的技能型、素质型人才，使教育更好地服务社会、经济和国

家的发展需求。

以就业为导向的计算机教学模式应该促进校企联合，促进学生掌握岗位所需技能。第一，建立校企合作关系。学校应该积极与优秀的计算机企业建立合作关系，并签订人才培养协议。双方共同探讨如何为学生提供更好的实习和就业机会。第二，提供实践教学指导。企业应定期派遣优秀的计算机技术人员到学校进行实践教学指导。这些专家可以在课堂上为学生讲解最新的技术知识、行业动态和前沿趋势。第三，组织岗位实习。教师应该鼓励学生积极参加企业的岗位实习，将理论知识转化为实际操作能力。学生可以在实践中了解企业的流程和工作内容，掌握所需的技能和经验。第四，推广项目合作。学校和企业可以共同推广特定项目的合作。例如，企业可以提供一些具体的项目和任务，让学生在实践中了解更多关于岗位所需技能的知识，并掌握相关的工作技能。总之，校企联合是一种非常重要且有效的方式，可以帮助学生更好地掌握所需的岗位技能。当学校和企业之间建立起紧密的联系时，学生可以更好地感受实际工作环境和明确职业要求，以提高自己的专业素养并获得更多的就业机会。

在计算机教学中，实践是至关重要的。理论知识是非常重要的，但如果学生不能将所学知识应用于实际问题，那么这些知识将毫无用处。因此，计算机教学应该以实践为核心，为学生提供足够的实践机会，让他们能够通过实际操作来巩固和加深对计算机知识的理解。理论和实践必须保持平衡。在计算机教学中，理论知识和实践技能是相辅相成的。理论知识提供了学生解决问题的基础，而实践技能则使学生能够将理论知识应用于实际问题。因此，计算机教学应该平衡理论和实践，让学生在理论学习的同时，也能够掌握实践技能。计算机教学应该关注企业需求。计算机技术是一个不断发展的领域，企业对于计算机技术的需求也在不断变化。因此，计算机教学应该关注企业需求，为学生提供符合当前市场需求的知识和技能，这有助于学生更好地适应未来的工作环境。计算机教学应该培养学生解决问题的能力。计算机技术的一个重要应用是解决问题。在计算机教学中，学生应该通过各种实践机会来培养自己解决问题的能力，这有助于学生在未来的工作环境中更好地应对各种挑战。计算机教学应该强化团队合作意识。计算机技术已经成为团队合作的重要工具。在计算机教学中，学生应该通过各种团队合作活动来培养自己的团队合作意识，这有助于学生在未来的工作环境中更好地协作和合作。计算机教学应该不断适应教学需求的变化。计算机技术是一个不断发展的领域，因此计算机教学也应该不断适应教学需求的变化。教师应该不断更新自己的知识和技能，为学生提供最新的知识和技能。综上所述，计算机教学应该以实践为核心，平衡理论和实践，关注企业需求，培养学生解决问题的能力，强化其团队合作意识，并不断适应教学需求的变化，这有助于学生更好地适应未来的工作环境，为学生提供更好的计算机教育。

总之，这种教学模式注重实践操作和市场需求，通过与企业深度合作，为学生提供更具市场竞争力的技能学习，帮助学生更好地适应未来的职业生涯。学校应该积极与企业合作，注重教学质量和师资队伍建设，不断探索新的合作模式。

第四节 计算机教学应用

一、云计算与计算机网络安全教学应用

云计算是一种 IT 服务模式，可以从狭义和广义两个方面来理解。狭义上，云计算是指使用 IT 基础设施，包括服务器、存储和网络设备等，通过互联网提供可扩展和弹性的 IT 资源。广义上，云计算是一种服务的交付和使用模式，通过互联网提供各种应用和服务，包括软件、平台和基础设施服务。云计算的主要特征如下：有一个专门的中心来存储和处理数据，保证了数据的安全性和可靠性；用户可以通过互联网轻松地访问和使用数据和应用程序，同时可以按需购买所需的资源；可以为不同地区的用户提供网络访问，实现了全球范围内的资源共享和协同工作。云计算通过虚拟化和自动化技术，可以有效地降低 IT 成本和提高效率，同时强调数据安全和隐私保护。云计算已经成为现代企业数字化转型的关键技术，将在未来继续发挥重要作用。

云计算技术在网络领域占据重要地位，受到广泛青睐。它是一种通过网络提供计算资源和服务的方式，用户可以根据需求访问和使用计算资源，实现信息共享和灵活性。随着云计算技术的普及，网络安全问题也越来越受到人们的关注。因此，计算机专业教学应该开设相关课程，培养网络安全技术人才，以保障云计算环境中的信息安全。

云计算环境下，计算机网络信息安全的重要性日益凸显。由于互联网的开放性，计算机网络面临着数据被篡改、破坏和窃取的风险。数据信息通信是计算机网络发展的重要环节，在云计算环境下存在黑客攻击、服务请求占用、恶意监听和截取等漏洞。因此，加强网络安全教育，培养专业人才，提高网络信息的安全性，将有助于促进计算机网络的发展。

网络安全教育对于维护计算机网络信息安全至关重要。首先，网络安全教育可以帮助人们了解潜在的网络威胁，提高网络安全意识。其次，网络安全教育可以传授防范网络攻击的技能和方法，使人们能够更好地应对网络威胁。最后，网络安全教育还可以培养专业的网络安全人才，为计算机网络发展提供技术支持。

计算机网络系统自身存在漏洞。网络系统自身也存在较为严重的漏洞，部分黑客会通过网络渠道对数据库进行攻击，最终会导致数据库信息的保密性和完整性受到破坏。比如，电子邮件内出现漏洞，将会威胁到存储信息的安全性。现如今，虽然很多信息数据都能够实现共享，但是也存在部分数据信息依然保持单机存储的方式，这样能够更好地保障所存储信息数据的安全性。在云计算环境下，身份认证存在缺陷，也自然而然成为黑客攻击的首选目标，黑客通过入侵网络管理系统能够实现对用户信息资料的窃取，从而会影响到用户的正常生活。

在云计算环境下，社会对网络安全提出了更高的要求，对网络安全人才也有了更为迫切的需求。院校计算机专业作为网络安全人才培养的主要基地，承担着重要的责任。为了实现对网络安全人才的培养，需要对传统教学模式进行改革，要将实践教学和理论教学放在同等重要的位置上。在教学过程中，当完成部分教学内容后，教师可以借助多媒体对教学过程的内容进行操作演示，以便增加学生的直观印象，然后按照相同方式多次进行变式训练，促使学生通过自主学习实现对知识的巩固。另外，计算机专业教学也可参考计算机网络安全案例进行教学，通过对行业发展进行预测，改变网络安全人才培养模式，从而实现计算机网络安全教学的改革。

对于院校学生来说，传统灌输式的教学方式并不能够调动学生学习的积极性，甚至还可能会产生抵触情绪，循循善诱的教学方式才符合学生的学习特点，而且他们更乐于在和谐的课堂氛围下进行学习。在云计算环境下开展网络安全教学，由于学生刚刚接触网络安全教学内容，因此教师要充分发挥自身的引导作用，营造出和谐的教学氛围，这样能够更好地缩短师生之间的距离，便于学生主动进行网络安全知识的学习。在课堂教学中，教师要为学生提供更多参与网络安全知识学习实践的机会，使学生主动参与到课堂问答中，这样能够形成和谐的课堂氛围，学生也能够接触并掌握到更多有关网络安全的知识。课堂教学完成后，教师要鼓励学生在全班同学面前进行成果展示，如果学生所展示的内容收获了好评，则会极大地提高学生的学习动力，从而使学生更加主动地对网络安全问题进行深入研究，为学生今后的发展奠定良好的基础。

在云计算环境下加强对计算机专业学生的网络安全教学是时代发展的必然趋势，为此需要创新教学内容和教学方式，以便能够提高学生学习的积极性，更好地实现对计算机专业网络安全人才的培养，为计算机网络领域的发展提供良好的保障。

二、多媒体技术在计算机教学中的应用

在网络技术使用范围不断扩大的背景下，学校的计算机课程受到社会各行各业的关注，计算机是网络信息最主要的载体，加强计算机应用水平对学生就业而言至关重要。基于学校学生学习能力水平较差、学习动机不强的特点，将先进的多媒体信息技术融入计算机课程教学中，可以使乏味的计算机理论知识学习变得鲜活而富有乐趣，有利于大幅提高学生的学习兴趣。同时，教师利用多媒体技术在计算机课堂中的实际运用，可以有效提高教育教学水平，促进学生计算机应用能力的提高，并且对全面提升学生综合实力水平、增强学生就业竞争力具有十分重要的

促进作用。随着信息时代的全面到来，计算机技术教学相比传统教学模式有很多优势，可以通过声、光、影、像等多种形式，将授课目标图文并茂地传递给学生，为现代教育的改革与发展提供了有力的技术支撑。那么，教师应该怎样做才能让多媒体物尽其用，在教学中发挥最大功效？

在计算机教学过程中，教师可以通过合理利用多媒体技术为计算机实际教学工作的顺利开展提供许多新奇的教学材料，并且为计算机课程学习创造全新的教学组织形式，同时，加强教师对学习教材的分析与探究，从而不断提升教师自身教学能力。在上课之前，利用多媒体技术为学生设计课堂内容重难点突出、图片声像相结合的优质课件，以吸引学生的注意力。在课堂进行中，传统的板书式教学模式会消耗教师许多时间和心力，利用多媒体技术可以将教师从复杂、琐碎的板书书写中解救出来，使教师将更多注意力放到与学生的互动中，并及时留心学生的学习状况。学生在上课时也可以将笔记抄写记录的时间节省出来，进行知识的思索与探究，从而不断提升学生的学习能力。此外，运用多媒体技术还可以将复杂难懂的知识转化为直观的图片信息或是形象的视频步骤讲解，学生可以从中感受到计算机学习的乐趣，从而调动学生对计算机学习的积极性，为计算机教学工作营造良好的学习氛围。

近年来，现代科技发展迅速，国家教育部门高度关注科学技术在教学中的实际应用，并要求教师进行多媒体技术方面的学习和应用。但是，学校教师大多会受到自己教育环境的影响，在参加工作后，教学活动偏向基础知识的讲授，对科学技术关注力度不够，不能及时改变传统的教学观念，导致多媒体科技与教学活动的融合创新意识不强。在计算机教学方面，教师很少将多媒体技术实际运用到计算机教学工作当中，对多媒体技术教学了解不深，依旧采用传统方式进行教学，还有部分老教师在教学时基本不会考虑多媒体的使用，以至于多媒体应用教学只停留在观念当中，不能与计算机教学相融合，严重阻碍了学生计算机水平的提升和发展。

实际上，学校很难安排专业的人员为教师提供多媒体技术助力，教师在实际应用多媒体技术过程中遇到困难时不能得到及时解决，从而打击了教师运用多媒体技术的热情，让许多教师对多媒体设备的应用踌躇不前。近年来，许多学校加大对多媒体教室建设的资金投入，组织教师进行多媒体使用的培训，但学校招生力度的增强使得学生不断增加，多媒体设备的数量远远不够，学生很难真正地参与到多媒体应用技术的计算机教学中去。另外，教师对多媒体设备了解不足，在设计教学课件时，大多是将教学内容的重点知识以文字形式投放到多媒体白板上，使学生获取知识的范畴依旧只是书本理论知识，并没有让学生获取更加广泛的先进科学技术知识。

在计算机教学应用中合理使用多媒体技术进行教学活动，可以激发学生学习计算机的兴趣，促进学生计算机基础理论知识的掌握，从而提高教师的课堂教学效果。在实际的教学组织活动中，教师虽然可以正确运用多媒体设备辅助计算机教学，但忽视了与学生之间的沟通与交流，不能真正了解学生真实掌握情况，不利于充分调动学生学习计算机的兴趣，影响多媒体技术在计算机教学中应用理念的发挥。

学生获取知识的主要方式就是学校教师的直接传授，教师为学生准备什么样的学习内容，学生就会获得什么样的知识，在这样的背景下，计算机教师如果不能改变教学观念，则会极大影响学生实际学习效率，不利于学生高效获取知识和计算机应用能力的培养。基于此，计算机教师在进行教学活动时，要及时转变自身教学观念，紧跟时代前进步伐，调整教学惯用模式，依照学生实际情况使用易于被学生接受的教学方法，结合多媒体设备进行教学，不断提升自身教学水平，使计算机运用能力得到最大发展。以《计算机应用基础》第一章、第一节“认识计算机”为例，假如教师在进行教学时，用传统课本讲读的方式进行教学，而不利用多媒体设备，枯燥的内容知识很容易导致学生兴趣不佳，影响其计算机基础知识的学习。对此，教师应该充分利用多媒体设备带来的便利条件，为学生制作相应课件，并结合视频资料，引起学生注意，引导其主动投入到计算机理论学习之中。学生还可以自主查阅相关内容并与他人分享，使学生可以更加全面地了解计算机，在此过程中提高学生学习关注力，改变学生对理论知识学习的看法。因此，教师应保持终身学习观念，结合时代发展转变自身传统教学理念，不断提升自身综合教

学水平和持续进行专业知识的系统学习。

学校开设多种多样的专业技术课程，对于计算机教学工作来说，不同教材版本的重点不一样，在进行教材选择时，选择适合的计算机教材来适应学生所学专业的特点尤为重要。对于一名学校计算机教师来说，大多数教师在准备课件时过多依赖教材内容，缺乏融入先进理念和技术的意识。在实际计算机教学具体工作中，会出现一些课件和实际课堂内容不相匹配的情况，这是由教师自身能力不足导致的，出现类似事件会影响计算机教学与多媒体技术的使用和发展。教师应不断利用多媒体资源进行自我提升，将学习内容与多媒体技术相结合，并主动向专业人员学习，加强自身先进科学技术的知识储备，改善自身的认知模式，拓宽知识素材获取渠道，提高课堂上课效率，不断提升自身教学实力，以此促使学生的计算机知识积累逐渐增多，还可以利用多媒体设备资源提升学生计算机实际操作水平，将枯燥的理论知识通过多媒体技术进行实际转化，使学生可以多角度实际演练学习成果，提升学生计算机学习的主动性。在实际操作时，教师也可以利用多媒体屏幕投放功能，将计算机使用步骤进行规范演练，让学生通过观看实际操作快速掌握操作要领，提升课堂学习效果，从而轻松完成教学任务。因此，学校应及时配备完善的多媒体设备，为教师和学生提供便利条件，不断提升学校整体教育教学水平。

良好的学习环境可以让教学工作的顺利开展事半功倍，提升师生课堂教学中的有效交流，进一步促进良好师生关系的形成。因此在教学活动中，教师要注重师生关系的培养，利用多媒体技术创设合理的教学情境，提出可具讨论的计算机教学话题，在交流互动中让学生学到更多计算机知识。比如，在进行计算机基础讲授“计算机病毒”一课时，可以这样安排：首先，在教学活动进行中，教师可以在确保教学内容完全呈现的基础上，根据教学内容将学生分为几个小组，结合多媒体技术创设一个积极、向上的学习环境，在此环境中对话题进行初步讨论，发展学生对问题分析能力的提升；其次，教师通过问答法不断引导学生，在学生进行实际演练时为学生准备充足的思考时间，促进学生知识探索能力的培养；最后，认真听取学生小组总结，并提出合理建议，帮助学生快速掌握计算机知识。充分利用多媒体所提供的便利条件，促使师生平等关系的养成和学生学习成就感的满足，从而不断提升学生的综合能力。

综上所述，在信息技术的快速发展下，计算机教学工作也应该不断向前发展，加大对多媒体技术的关注力度。真正有效地促进计算机教学模式的深化改革，转变教师教学观念，使多媒体技术能够合理应用于计算机教学实践当中。利用多媒体技术整合教育资源，不断提升教育教学质量和教师对多媒体技术的实际应用水平，加强师生间的交流，帮助学生更好地学习计算机知识，促使学生成长为全能型专业人才，为社会经济的发展提供助力。

计算机技术在教育教学过程中发挥了十分重要的积极作用，极大程度上减轻了教师的工作量，提高了教师的教学质量和学生的学习效率。但计算机技术在教育中的应用也不是万能的，也存在着局限性，教育不应当过分依赖于计算机的功能，应当做到老师、学生与计算机技术相结合，只有这样才能面面俱到。

第二章　计算机教学现状与学生培养

本章主要从4个方面对计算机教学现状与学生培养展开详细论述，分别是计算机课程教学现状、计算机教学培养体系、计算机学生培养方向、计算机学生培养目标。

第一节　计算机课程教学现状

国民经济和社会发展对人力资源的结构和素质提出了新的要求。在走向新型工业化道路和推进城镇化的历史进程中，我们不但需要一大批科学家、教授，也需要一大批高级工程技术人员、高级管理人员、高级技能型人员，还必须有数以亿计的高素质的普通劳动者，否则就难以真正拥有强大的生产力，难以实现国民经济的腾飞和中华民族的崛起。

众所周知，中国是经济大国，但不是经济强国；中国是人口大国，但不是人才大国；中国是教育大国，但教育的结构不尽合理，教育模式相对单一，特别是专业教育发展基础比较薄弱，与经济社会的发展不相适应；我国的经济还缺乏核心竞争力。产业和产品的竞争关键是技术和人才的竞争。从未来的发展看，中国既缺少一批进入世界科技发展前沿的科学家，缺少一批支撑高科技产业发展的高层次人才，也缺少能将科技成果转化为直接生产力的应用型人才，缺少第三产业所急需的各类管理人才和技术人才，特别是缺乏能够迅速提高我国工艺水平、大幅度增强我国工业品国际竞争力的高素质的技术技能型人才。

教育的迅速发展对我国高等教育进入大众教育时代作出了重大的贡献。近年来，大学的扩招主要是各大院校的扩招，民办高等教育也是发展教育。许多地区大力兴办教育，促进了本地区的经济和文化发展。如果没有高校的高速发展，也就不可能有如此众多的青年进入大学。高等教育大众化必然带来教育制度的改革和教育结构的调整，以及社会观念、就业制度、人事制度等各方面的改革。高等教育结构调整的重点是发展和健全教育体系。目前，我国的高等教育应当注意 3 个关系：一是高等教育的人才培养与就业市场的需求之间的关系；二是英才教育与大众化教育的关系；三是学科型教育与职业型教育的关系。教育在办学指导思想上应当完成 3 个转变：一是从计划培养向市场需求的转变；二是从政府直接管理向宏观引导的转变；三是从面向专业学科的培养模式向职业岗位和就业导向的模式转变。各个院校要面向市场和社会的需要设置专业、培养人才。

大力发展教育对于促进社会就业、构建社会主义和谐社会具有积极意义。发展高等教育是全面落实科学发展观的重要体现，也是建设全民学习、终身学习的学习型社会的重要途径。许多大学毕业生不能及时找到工作，就业压力过大，则会影响社会的稳定，不利于构建和谐社会。事实上，我国国民经济的迅速发展对高素质的技术技能型人才的需求量很大，在许多领域一直供不应求。目前，有的人找不到工作，而有的工作却找不到人，这暴露了教育与社会需求的严重脱节。事实上，我国社会各行各业需要的职业岗位中，大多数是第一线应用型人才，从事理论研究的人较少。而教育模式的单一性，使学校片面强调理论教学，忽视对学生应用能力的培养，使学生难以适应实际工作的要求，不可避免地造成就业的困难。

当前，世界各国的教育与产业越来越紧密地结合起来。无论发达国家还是新兴工业国家，都十分重视发展学校教育，发展高等教育、培养大批高素质的技术技能型人才是经济腾飞的“秘密武器”。大多数发达国家都采取了行之有效的高等教育模式，在注重培养高层次的研究型理论人才的同时，也花大力气培养大批高素质的技术技能型人才。这些高素质的技术技能型人才是最实际、最能给国家带来长远竞争优势的人群，是形成强大生产力并创造新的产业的真正秘诀。

计算机课程教学是一个“出示问题，提出任务，自主探讨”的过

程[①]。计算机门类的专业课程的传统教学模式由两个重要环节组成，即理论教学环节与实践教学环节，且通常以理论为主，实践为辅。理论教学手段主要依托多媒体教学模式进行知识点的传授，具体手段如 PPT 演示、程序代码演示、操作演示等传统教学方法；实践环节则根据实践内容的具体需求，依托计算机系统环境、软件环境、硬件设备，在有条件的情况下辅以网络通信支持的模拟环境。在这种传统教学与学生培养的模式下，教师与学生的关系是实现教学有效性的基础，鉴于此，构建“教”与“学”的行动体系，是实现有效教学的保证。因此，所谓的“有效性教学模式”，即在固定的教学周期内，通过授课教师设计并组织的教学活动，学生根据个体能力差异，实现自身知识吸收并转化为教学目标的一种提高教学效率的手段与方法。

随着“互联网 + 教育”“云时代”的到来，在我国建立的各大数据基础之上的在线课程也越来越多地被提及，特别是在新冠疫情期间，在线开放课、微课、翻转课堂等在线课程形式大量涌现，其教学模式新颖、学习自由度高的优势尤为明显，但在转向高等教育的同时也暴露出一些实际的问题，即在线学习的有效性问题。另外，从任课教师的教学角度出发，教学模式的转化也带来了非常重要的影响与变革，如课堂管理的办法、教学节奏的控制、教学具体方法的改变，具体表现为以下几个方面。

第一，仍然相对落后的计算机类在线教学平台建设和资源储备。目前，国内大部分普通高校在信息化建设时引入了一些第三方的教学平台，如智慧树、作业树、雨课堂等，并且依托平台建设了一些在线课程，但在课程的选择与课程内容上，主要局限于开放通识性的课程，以及专业基础性课程，覆盖面相对较小，未能涵盖所有的课程内容。另外，计算机类的专业课程对于实践环节要求较高，而目前多数的线上教学平台缺少的就是在线实践类的功能模块，学生的学习仍然局限于观看视频与电子文档等传统手段，因此过分依赖学生的学习主观能动性。限于平台功能与教学资源共享方式，像计算机这类具有职业化培养与专业针对性

---

① 张森镇.职业技术学校吸引力和竞争力的探索[M].广州：暨南大学出版社，2010.

较强的核心课程，并不能完美地展现其课程的内容与教学手段，无法完全满足计算机类课程的教学需要。

第二，在线教学能力与经验不足。国内各高校的信息化管理指标参差不齐、网络设施建设不均衡、在线教学平台的建设水平不高、线上课程资源匮乏，使得目前国内普通高校仍然以传统线下教学为主要教学模式，校内教师很少具备在线教学的经验，这就导致了其线上授课的经验与能力相较于职业化教育机构有明显的不足。因此，线上教学向当代高校任课老师在教学能力与教学方法上提出了新的挑战：首先，高校的任课教师要在这次疫情变化的催动下，快速适应并能熟练掌握已有的线上教学平台资源与工具；其次，高校教师要转变思想，在不改变课程培养目标的前提下，突破传统教学思维，做好将线上教学作为后续教学常态的心理建设，主动去适应线上教学模式下的课前设计、课中运维、课后复盘的新要求；最后，高校教师要放下姿态，与当下时代教育理念接轨，提升自身的业务能力与知识储备，进而有能力应对线上教学过程中可能出现的问题，提升教学灵活性。

第三，无法科学地评价教学效果。相较于传统教学模式，线上教学的模式较新，绝大部分的任课教师在这种教学模式下的课程内容设计与课堂掌控方面没有实践经验，导致问题频出，并且线上教学设备与软件使用熟练度不够。另一方面，由于缺少监控与沟通手段，学生对于线上教学模式从主观认知上也存在消极的态度，缺乏自主学习意识的学生往往在进行网课时随意离开课堂或产生与本堂课无关的行为，类似的现象都严重影响了线上教学的质量与效果。再加上网络原因与地理环境因素，这些都会导致课程教学质量与教学评价受到极大的影响。

计算机课程具有知识点多、抽象、难以理解的特点，而且具有较强的课程实践性。传统的课堂教学模式以教师为教学中心，而学生在课堂教学中的主体作用往往被忽视了，师生之间缺少互动与交流。这样的传统课程教学模式难以培养学生的学习兴趣以及激发学生的学习热情，这对于创新型人才的培养也是非常不利的。计算机网络课程具有很强的实

践性与操作性。然而，广大高校教师和学生却对这个特点的认识不足。计算机课程的实验项目又具有内容随意性过大、实验操作缺乏系统性等特点，最终导致了理论知识与实践技能环节的相互脱节。例如，在计算机组成原理的实验中，地址总线的实验和微指令实验可以说没有相关联性，但从理论知识系统可以看出两者具有紧密的联系，独立的实验或者没有关联性的实验是低效的，技能虽得以实践，但理论系统相对弱化，实验与理论之间脱节现象比较严重。

此外，当前各计算机网络课程的实验教学环境与设施配比仍然没有达到规定的标准。再者，参与计算机教学实验环节的教师也存在缺乏实践性教学经验的问题。还有教学体系不完善，这是因为计算机信息技术的发展革新速度非常快，而高校的计算机课程的教学体系，包括教材内容及教学方式等缺乏应用性、操作性和创新性。重要的是，教材的换代和书本知识的更新远远赶不上新技术的发展速度与变化程度，这样计算机网络课程的教学也就偏离了培养目标。在大多数教师的教学模式中过于强调计算机技术的原理，而没有考虑到实际情况的局限性，这就使得学生掌握的计算机网络知识华而不实，无法真正地应用于现实的工作和生活之中，这样不仅满足不了对学生创造能力的培养，同时也不利于社会的进步与发展。

第二节　计算机教学培养体系

计算机课程是以培养学生的软件开发能力为主的理论与实践相融通的综合性训练课程。课程以软件项目开发为背景，通过与课程理论内容教学相结合的综合训练，使学生进一步理解和掌握软件开发模型、软件生存周期、软件过程等重要理论在软件项目开发过程中的意义和作用，培养学生按照软件工程的原理、方法、技术、标准和规范进行软件开发的能力，培养学生的合作意识和团队精神，培养学生的技术文档编写能力，从而提高学生软件工程的综合能力。

一、计算机教学培养体系内容

（一）系统集成

1. 概述

系统集成课程是以培养学生的系统集成能力为主的理论与实践相融通的综合性训练课程。课程以系统工程开发为背景，促使学生进一步理解和掌握系统集成项目开发的过程、方法，培养学生按照系统工程的原理、方法、技术、标准和规范进行系统集成项目开发的能力；培养学生的合作意识和团队精神；培养学生的技术文档编写能力，从而提高学生系统工程的综合能力。建议训练课程在4～6周内完成。

2. 相关理论知识

（1）网络基本原理。

（2）网络应用技术。

（3）系统工程中的网络设备的工作原理和工作方法。

（4）系统集成工程中的网络设备的配置、管理、维护方法。

（5）计算机硬件的基本工作原理和编程技术。

（6）系统集成的组网方案。

（7）综合布线系统。

（8）故障检测和排除。

（9）网络安全技术。

（10）应用服务子系统的工作原理和配置方法。

3. 综合训练内容

本综合课程要求学生结合企业实际的系统集成项目完成实际管理，并提高综合集成能力。由2～4名学生组成一个项目开发小组，结合企业的实际情况完成以下内容。

（1）网络原理和网络工程基础知识的培训和现场参观。

（2）网络设备的配置管理。

（3）综合布线系统。

（4）远程接入网配置。

（5）计算机操作系统管理。

（6）计算机硬件管理和监控。

（7）外联网互联。

（8）故障检测与排除。

（9）网络工程与企业网设计。

（10）规范编写系统集成各阶段所需的文档（投标书、可行性研究报告、系统需求说明书、网络设计说明书、用户手册、网络工程开发总结报告等）。

（11）每组提交一份综合课程训练报告。

（二）软件测试

1. 概述

软件测试课程是以培养学生的软件测试能力为主的理论与实践相融通的综合性训练课程。课程以软件测试项目开发为背景，使学生深刻理解软件测试思想和基本理论；熟悉多种软件的测试方法、相关技术和软件测试过程；能够熟练编写测试计划、测试用例、测试报告，并熟悉几种自动化测试工具，从工程化角度提高和培养学生的软件测试能力；培养学生的合作意识和团队精神；培养学生的技术文档编写能力，从而不断提高学生软件测试的综合能力。建议本训练课程在3～4周内完成。

2. 相关理论知识

（1）软件测试理论基础。

（2）测试计划。

（3）测试方法及流程。

（4）软件测试过程。

（5）代码检查和评审。

（6）覆盖率和功能测试。

（7）单元测试和集成测试。

（8）系统测试。

（9）软件性能测试和可靠性测试。

（10）面向对象软件测试。

（11）Web 应用测试。

（12）软件测试自动化。

（13）软件测试过程管理。

（14）软件测试的标准和文档。

3. 综合训练内容

在进行综合训练时，由 2～4 名学生组成一个项目开发小组，选择题目进行软件测试。具体训练内容如下。

（1）理解并掌握软件测试的概念与方法。

（2）掌握软件功能需求分析、测试环境需求分析、测试资源需求分析等基本分析方法，并撰写相应文档。

（3）根据实际项目需要编写测试计划。

（4）根据项目具体要求完成测试设计，针对不同测试单元完成测试用例编写和测试场景设计。

（5）根据不同软件产品的要求完成测试环境的搭建。

（6）完成软件测试各阶段文档的撰写，主要包括测试计划文档、测试用例规格文档、测试过程规格文档、测试记录报告、测试分析及总结报告等。

（7）利用目前流行的测试工具实现测试的执行和测试记录。

（8）每组提交一份综合课程训练报告。

（三）计算机工程

1. 概述

计算机工程课程要求学生结合计算机工程方向的知识设计和构建计算机系统，包括硬件、软件和通信技术，能参与设计小型计算机工程项目，完成实际开发、管理与维护。学生在该综合实践课程上要学习计算机、通信系统、含有计算机设备的数字硬件系统设计，并掌握基于这些设备的软件开发技能。本综合训练课程培养学生如下素质能力。

（1）系统级视点的能力：熟悉计算机系统原理、系统硬件和软件的

设计、系统构造和分析过程，要理解系统如何运行，而不是仅仅知道系统能做什么和使用方法等外部特性。

（2）设计能力：学生应经历一个完整的设计经历，包括硬件和软件的内容。

（3）工具使用的能力：学生应能够使用各种基于计算机的工具、实验室工具来分析和设计计算机系统，包括软硬件两方面的成分。

（4）团队沟通能力：学生应团结协作，以恰当的形式（书面、口头、图形）来交流工作，并能对组员的工作作出评价。建议本训练课程在4周内完成。

2. 相关理论知识

（1）计算机体系结构与组织的基本理论。

（2）电路分析、模拟数字电路技术的基本理论。

（3）计算机硬件技术（计算机原理、微机原理与接口、嵌入式系统）的基本理论。

（4）汇编语言程序设计基础知识。

（5）嵌入式操作系统的基本知识。

（6）网络环境及TCP/IP协议栈。

（7）网络环境下数据信息存储。

3. 综合训练内容

本综合实践课程将对计算机工程所涉及的基础理论、应用技术进行综合讲授，使学生结合实际网络环境和现有实验设备掌握计算机硬件技术的设计与实现；可以完成如汇编语言程序设计的计算机底层编程并能按照软件工程学思想进行软件程序开发、数据库设计；能够基于网络环境及TCP/IP协议栈进行信息传输，排查网络故障。

由3或4人组成一个项目开发小组，结合一个实际应用进行设计，具体训练内容如下。

（1）基于常用的综合实验平台完成计算机基本功能的设计，并与PC进行网络通信，实现信息（机器代码）传输。

（2）对计算机硬件进行管理和监控。

（3）熟悉常用的实验模拟器及嵌入式开发环境。

（4）至少完成一个基于嵌入式操作系统的应用，如网络摄像头应用设计等。

（5）对网络摄像头采集的视频信息进行传输、压缩（可选）。

（6）对网络环境进行常规管理，即对网络操作系统的管理与维护。

（7）每组提交一份系统需求说明书、系统设计报告和综合课程训练报告。

（四）项目管理

1. 概述

项目管理是以培养学生项目管理综合能力为主的理论与实践相融通的综合训练课程。课程以实际企业的软件项目开发为背景，使学生体验项目管理的内容与过程，培养学生参与实际工作中项目管理与实施的应对能力。

2. 相关理论知识

（1）项目管理的知识体系及项目管理过程。

（2）合同管理和需求管理的内容、控制需求的方法。

（3）任务分解方法和过程。

（4）成本估算过程及控制、成本估算方法及误差度。

（5）项目进度估算方法、项目进度计划的编制方法。

（6）质量控制技术、质量计划制订。

（7）软件项目配置管理（配置计划的制订、配置状态统计、配置审计、配置管理中的度量）。

（8）项目风险管理（风险管理计划的编制、风险识别）。

（9）项目集成管理（集成管理计划的编制）。

（10）项目团队与沟通管理。

（11）项目的跟踪、控制与项目评审。

（12）项目结束计划的编制。

3. 综合训练内容

选择一个业务逻辑能够为学生理解的中小型系统作为背景，进行项目管理训练。学生可以由 2 或 3 人组成项目小组，并任命项目经理。具

体训练内容如下。

（1）根据系统涉及的内容撰写项目标书。

（2）通过与用户（可以是指导教师或企业技术人员）沟通，完成项目合同书、需求规格说明书的编制；进行评审确定；进行需求变更控制。

（3）学会从实际项目中分解任务，并符合任务分解的要求。

（4）在正确分解项目任务的基础上，按照软件工程师的平均成本、平均开发进度，估算项目的规模和成本，编制项目进度计划，利用 Project 绘制甘特图。

（5）在项目进度计划的基础上，利用测试和评审两种方式编制质量管理计划。

（6）学会使用 Source Safe，掌握版本控制技能。

（7）通过项目集成管理将前期的各项计划集成在一个综合计划中。

（8）针对需求管理计划、进度计划、成本计划、质量计划、风险控制计划进行评估，检查计划的执行效果。

（9）针对项目的内容编写项目验收计划和验收报告。

（10）规范编写项目管理所需的主要文档：项目标书、项目合同书、项目管理总结报告。

（11）每组提交一份综合课程训练报告。

二、计算机教学培养体系构建意义

在对多年来国内外院校信息技术实践教学改革进行综合分析和借鉴的基础上，针对当前信息技术类应用创新型人才培养存在的弊端和问题提出了以应用创新和创业为导向，以“产学研用”相结合为切入点，通过教学资源库建设、专业核心课程教学改革、多维融合的拔尖计算机人才培养平台构建和新型校企合作人才培养机制构建等一系列措施，开展“二个课堂为一体，多维平台联动”的具有区域和学校特色的应用创新型计算机专业人才培养体系建设，其构建的意义主要在于以下几点。

第一，对应用创新型计算机人才培养过程中的主要实践教学环节进行综合改革，系统地优化和构建高效的实践教学体系，建立具有时代特征、区域和学校特色的一整套可操作性的应用创新型计算机人才培养的运行和管理机制，为地方高等院校进一步大力推动实践教学改革提供理念、模式、制度等借鉴。

第二，紧密结合计算机教育改革发展的趋势，深入分析企事业单位的人才特点，对大学生实践能力、创新创业能力进行系统训练。这对有效提升应用创新型特色计算机人才的能力具有重要的参考价值，同时对提升地方信息技术类应用创新型特色人才培养质量也具有积极的理论和现实意义。

第三，根据西部落后地区大学特点和珠三角地区的社会经济发展对应用创新型计算机人才的需求，依托地方经济发展的支柱产业，在“产学研用”相结合的基础上，为国家造就大批基础扎实、综合素质高、工程应用能力强、创新创业能力强的应用创新型计算机人才，以服务地方经济和社会发展。这对增强学校社会服务能力，促进地区及国家的经济发展有着极为重要的作用。

第三节　计算机学生培养方向

新时期科学技术发展、产业结构调整、经济发展转型、劳动组织形态变革等使经济建设和社会发展对人力资源需求呈多样化状态。目前，我国经济社会发展急需大量的人才。因此，高等教育必须适应经济社会发展，为行业、企业培养各类急需人才。现代人才所具备的能力应是与将要从事的应用型工作相关的综合性应用能力，即集理论知识、专项技能、基本素质为一体，解决实际问题的能力。这种能力培养的主要途径是专业教育。以能力培养为核心的专业教育体现在3个层面：第一，坚持“面向应用”建设专业，依据地方经济社会发展提炼产业、行业需求，形成专业结构体系；第二，坚持“以能力培养为核心”设计课程，课程体系、课程内容、课程形式的设计和构架都要以综合性应用能力培养为轴心，且打破理论先于实践的传统课程设计思路；第三，贯彻“做中学”的教学理念，要确立教学过程中学生的主体地位，学生要亲自动手实践，通过在工作场所中的学习来掌握实际工作技能和养成职业

素养。

培养方向是学生培养模式的核心要素，是决定教育类型的重要特征体现，是计算机学生培养活动的起点和归宿，是开放的区域经济与社会发展对新的本科人才的需求，要做到“立足地方、服务地方”。专业设置和培养目标的制定要进行详细的市场调查和论证，既要有针对性，使培养的人才符合市场需要，也要具有一定的前瞻性和持续性，避免随着市场变化频繁调整。明确计算机学生培养方向是培养应用型人才的首要和关键任务，其内容主要有两方面：一是明确这类教育要培养什么样的人，即人才培养类型的指向定位；二是明确这类人才的基本规格和质量。关于应用型教育培养目标的基本规格，仍可以由教育改革中所共识的“知识、能力、素质”三要素标准来界定，但其区别在于三要素内涵的不同，体现在应用型学科理论基础更加扎实、经验性知识和工作过程知识不可忽视、职业道德和专业素质的养成更加突出、应用能力和关键能力培养同等重要方面。

“以应用为导向”就是以需求为导向，以市场为导向，以就业为导向。“应用”是在对其高度概括的基础上，考虑技术、市场的发展，以及学生自身的发展可能产生的新需求，而形成的面向专业的教育教学需求。在计算机应用型教育中，“应用”的导向表现在 5 个方面：第一，专业设置面向区域和地方（行业）经济社会发展的人才需求，尤其是对一线本科层次的人才需求；第二，培养目标定位和规格确定满足用人部门需求；第三，课程设计以应用能力为起点，将应用能力的特征指标转换成教学内容；第四，设计以培养综合应用能力为目标的综合性课程，使课程体系和课程内容与实际应用可以较好衔接；第五，教学过程设计、教学法和考核方法的选择要以掌握应用能力为标准。

“以学科为支撑”是指将学科作为专业建设的基础，起支撑作用，专业要依托学科进行建设。学科支撑在专业建设与学生人才培养中的作用体现在以下方面：第一，以应用型学科为基础的课程建设，开发以应用理论为基础的专业课程；第二，以应用型学科为基础的教学资源建设，为理论课程提供应用案例的支撑，为综合性课程提供实践项目或实际任务的支撑，为毕业设计与因材施教提供应用研究课题和环境的支撑；

第三，引领专业发展，从学科前沿对应用引领作用的角度，为专业发展提供新的应用方向；第四，为产学合作创设互利的基础与环境，通过解决生产难题、开发创新技术，以应用型学科建设的实力为行业、企业服务。

计算机科学及技术领域涵盖了广泛的专业方向和领域，以下是计算机领域中学生适合的专业方向。

第一，计算机科学专业关注计算机系统的设计和开发，并研究计算理论、算法和软件开发等。该专业培养学生的计算机科学基础知识、编程能力、算法设计和分析能力等，使其成为计算机科学领域的专家和从业者。

第二，软件工程专业注重软件系统的开发、设计和维护。该专业培养学生的软件开发技术、项目管理和软件质量控制等能力，使其能够有效地进行软件开发和团队协作，实现高质量、可靠的软件系统。

第三，计算机网络与通信专业涉及计算机网络的设计、管理和优化，以及数据通信、网络安全和互联网技术等方面的研究。该专业培养学生的网络技术、网络管理和安全防护等能力，使其成为计算机网络和通信领域的专业人才。

当然，计算机领域还有其他重要的专业方向，如人工智能、数据科学、信息系统等，这些都是计算机科学和技术领域中的重要学科和专业。

第四节　计算机学生培养目标

一、符合信息社会的发展要求

对计算机人才的需求是由社会发展大环境决定的，我国的信息化进程对计算机人才的需求产生了重要的影响。信息化发展必然需要大量计算机人才参与到信息化建设队伍中，因此，计算机专业应用型人才的培养目标和人才规范的制定必须与社会的需求和我国信息化进程结合起来。

由于信息化进程的推进及发展，计算机学科已经成为一门基础技术

学科，在科技发展中占有重要地位。计算机技术已经成为信息化建设的核心技术，而且其应用较为广泛，在人类的生产和生活中占有重要地位。社会高需求量和学科的高速发展，反映了计算机专业人才具备社会广泛需求的现实和趋势。通过对我国若干企业和研究单位的调查，信息社会对计算机及其相关领域应用型人才的需求如下。

（一）与社会需求相一致

计算机专业人才培养的金字塔结构中包括 3 种不同类型的人才：研究型、工程型和应用型（信息化类型）人才。每种类型的人才都有不同的主要职责和能力要求。研究型人才是计算机领域的基础理论研究者，他们需要具备创新意识和能力，能够进行前沿的研究工作，以推动计算机科学的发展。工程型人才主要从事计算机软硬件产品的工程性开发，需要熟练应用技术原理、权衡性能与代价、具备职业道德等。他们需要具备扎实的技术基础和深厚的专业知识，能够独立进行系统设计、开发和测试，同时也需要具备团队协作和项目管理的能力。应用型（信息化类型）人才主要从事企业与政府信息系统的建设、管理、运行等技术工作，需要熟悉多种计算机软硬件系统的工作原理。他们需要具备广泛的计算机技术知识和应用能力，能够根据用户需求进行系统分析、设计和实施，同时也需要具备信息安全和网络管理的能力。这样的金字塔结构旨在满足国家信息化的目标进程，为社会提供针对性明确、结构合理的计算机专业人才，推动计算机技术的发展和应用，促进国家信息化建设。计算机教育只有与社会需求的金字塔结构相匹配，才能提高金字塔各个层次学生的就业率，满足社会需求，降低企业的再培养成本。信息社会需要大量的处在生产第一线的编程人员；中间层是从事软件设计、测试设计的人员；处在最顶端的是系统分析人员。

目前计算机从业人员的结构呈橄榄形。由此可见，应用型人才的培养力度还需要加大。对于应用型人才的专门培养正是计算机专业应用型本科教育的培养目标。目前，其市场需求可以分为两大类：政府与一般企业对人才的需求、计算机软硬件企业对人才的需求。计算机应用型人才首先应该能够成为普通基层编程人员，通过一段时间的锻炼，他们应该能够成为软件设计工程师、软件系统测试工程师、数据库开发工程师、网络工程师、硬件维护工程师、信息安全工程师、网站建设与网页设计工程师，部分人员通过长期的锻炼和实践能够成为系统分析师。

（二）满足对研究型人才和工程型人才的需求

从国家的根本利益来考虑，必然要有一支具备扎实计算机基础理论与核心技术的创新研究队伍，需要高校计算机专业培养相应的研究型人才，而国内的大部分 IT 企业（包括跨国公司在华的子公司或分支机构）都把满足国家信息化的需求作为本企业产品的主要发展方向。这些用人单位需要计算机专业培养的是工程型人才。

（三）满足复合型计算机人才的需求

在当今的高度信息化社会中，经济社会的发展对计算机专业人才需求量最大的不再是仅会使用计算机的单一型人才，而是复合型计算机人才。对于复合型计算机人才的培养，一方面要求学生具有很强的专业工程实践能力，另一方面要求其知识结构具有“复合性”，即能体现出计算机专业与其他专业领域相关学科的复合。例如，计算机学生通过第二学位的学习或对所应用的专业领域的学习，具备了计算机和所应用的专业领域知识，从而变成复合型应用人才。

（四）满足计算机人才素质教育需求

企业对素质的认识与目前高等学校通行的素质教育在内涵上有较大的差异。以自主学习能力为代表的发展潜力，是用人单位最关注的素质之一。企业要求所招聘的计算机专业学生能够学习他人长处，弥补自己的不足，增强个人能力和素质，避免出现以我为中心、盲目、自以为是的情况。

（五）培养出理论联系实际的综合人才

目前计算机专业的基础理论课程比重并不小，但由于学生不了解其

作用，许多教师没有将理论与实际结合的方法与手段传授给学生，致使相当多的在校学生不重视基础理论课程的学习。同时在校学生的实际动手能力亟待大幅度提高，因此，必须培养出能够理论联系实际的人才，才能有效地满足社会的需求。为了适应信息技术的飞速发展，更有效地培养一批符合社会需求的计算机人才，全方位地加强计算机师资队伍建设刻不容缓。人才培养目标指向是应用型高等教育和学术型高等教育的关键区别，其基本定位、规格要求和质量标准应该以经济社会发展、市场需求、就业需要为基本出发点。

二、适应应用型人才能力需求层次与方向

对计算机专业学生能力培养目标的设定需要以人才能力需求的层次作为基础依据，人才能力需求层次又将决定专业方向模型，且任何能力都可以由能力的分解构成，其设定在很大程度上影响着对人才的培养。应用型教育的培养要求是使学生毕业时具有独立工作能力，即学校在进行人才培养前首先要对人才市场需求进行分析，依据市场确定人才所需要具备的能力。应用型教育应将能力培养渗透到课程模式的各个环节，以学科知识为基础，以工作过程性知识为重点，以素质教育为取向。教师应了解人才培养规格中对所培养人才的知识结构、能力结构和素质结构的要求，而能力结构是与人才能力需求层次紧密相关的。

在计算机人才的金字塔结构中，最上层的研究型人才注重理论研究，而从事工程型工作的人才注重工程开发与实现，从事应用型工作的人才更注重软件支持与服务、硬件支持与服务、专业服务、网络服务、Web 系统技术实现、信息安全保障、信息系统工程监理、信息系统运行维护等技术工作。结合应用型本科的特点，人才能力需求层次的划分应涉及工程型工作的部分内容和应用型工作的全部内容，其层次可分为获取知识的能力、基本学科能力、系统能力和创新能力。

可以看出对学生最基本的要求是获取知识的能力，其中自学能力、信息获取能力、表达和沟通能力都不可缺少，这也是成为“人才”的基本条件之一。学校在制订教学计划时，更应该注重学生基本学科能力的培养，这是不同专业教学计划的重要体现。基本学科能力的内容已是在

较高层面上的归纳，对基本学科能力的培养并不是几门独立的课程就可以完成的，要由特色明显的一系列课程实现应用型人才所具备的能力和素质培养。之所以将系统能力作为人才能力需求的一个层次划分，是因为系统能力代表着更高一级的能力水平，这是由计算机学科发展决定的，计算机应用现已从单一具体问题求解发展到对一类问题求解，正是这个原因，计算机市场更渴望学生拥有系统能力，主要包括系统眼光、系统观念、不同级别的抽象等能力。这里需要指出，基本学科能力是系统能力的基础，系统能力要求工作人员从全局出发看问题、分析问题和解决问题。系统设计的方法有很多种，常用的有自底向上、自顶向下、分治法、模块法等。以自顶向下的基本思想为例，这是系统设计的重要思想之一，让学生分层次考虑问题、逐步求精，鼓励学生由简到繁，实现较复杂的程序设计：结合知识领域内容的教学工作，指导学生在学习实践过程中把握系统的总体结构，努力提高学生的眼光，实现让学生从系统级上对算法和程序进行再认识。在教育优先发展的国策引导下，我国的高等教育呈现出了跨越式的发展，已迅速步入大众化教育阶段，一批新建应用型本科高校应运而生，也为教育改革提出了新的课题。

应用型本科必须吸纳学术性本科教育和职业教育的特点，即在人才培养上，一方面要打好专业理论基础，另一方面又要突出实际工作能力的培养。因此，计算机科学与技术专业应用型本科教育应在《高等学校计算机科学与技术专业发展战略研究报告暨专业规范（试行）》的统一原则指导下，根据学科基础、产业发展和人才需求市场，确定计算机科学与技术专业学生的应用型人才培养目标，探索新的人才培养模式，建立符合计算机专业应用型人才的培养方案，以解决共同面临的教学改革问题。

第三章 计算机辅助教学

本章为计算机辅助教学，主要包括 5 个方面的内容，分别是计算机辅助教学理论、计算机辅助教学发展、计算机辅助教学课件开发与制作、计算机辅助教学模式、基于网络的计算机辅助教学。

第一节 计算机辅助教学理论

一、计算机辅助教学概念

计算机辅助教学，顾名思义，指的是借助计算机设备及相关技术来优化教学流程，提高教学效果，保证教学活动的顺利进行，以提升教学效率的教学。计算机辅助教学是信息技术融合各科教学并营造一种新型教学环境的教学方式，既能发挥教师主导作用，又能体现学生主体地位，由此实现以“自主、探究、合作”为宗旨的教学过程[①]。对于计算机辅助教学的概念，不同学者会存在不同的认识，但其中的内涵是相同的。具体来说，可以从狭义和广义两个方面进行认知。

（一）狭义概念

从狭义角度来理解计算机辅助教学，其主要指的是在课堂教学活动中，教师通过计算机教学软件和技术来设计和展示课堂教学内容，而学生主要通过教师课前已经准备好的教学课件内容进行知识的学习和掌握。简单来说，计算机辅助教学就是通过计算机教学技术辅助教师或者

① 吴遵民.终身教育研究手册[M].上海：上海教育出版社，2019.

直接代替教师向学生传授课堂知识，并对学生掌握的知识和技能进行训练。同时，也可以认为计算机辅助教学主要是教师通过相应的教学软件将课堂教学活动中需要讲解的内容与计算机技术、软件进行有机结合，将具体内容通过编程方式输入计算机之中，如此学生便可以通过和计算机进行适当的互动和沟通来更加便捷地学习和掌握相关知识。教师通过计算机不仅丰富和创新了自己的教学方式，而且能够为学生营造出一个更加丰富、活跃的教学氛围。在这种教学模式下，教师和学生可以通过计算机互动软件进行更加便捷的交流。

从上述认知当中我们可以对计算机辅助教学有这样的理解：计算机辅助教学是通过课件演示的方式开展教学活动的，但是我们还要认识到这一方式并不是计算机辅助教学的全部特征。

（二）广义概念

从广义角度来理解计算机辅助教学，即将其看作一种教学活动中使用的媒体形式。这种教学媒体形式不仅能够丰富和影响传统教学活动中的途径和方法，而且可以提升教学质量和教学效果。从这一角度来理解，教师利用计算机辅助教学能够丰富课堂教学方式，推动教学体系的完善和发展，进而使课堂教学方式向更高质量和更适用的方向发展。由此可见，计算机辅助教学能够将课堂教学过程和计算机教学技术进行有机结合，能够对教学过程进行整体优化，这也是其重要的一个界定。

二、计算机辅助教学特点

（一）科学性强

在计算机辅助教学过程中使用到的各种形式的教学软件一般是这一学科非常优秀的教师和专门的多媒体教学课件制作者共同设计出来的，通常会有非常严格的评估指标，因此，能够有效避免由于教师个人能力和条件限制而导致教学效果和质量存在较大差异的情况，能够有效确保教学活动的科学性。

（二）形象生动

教师在计算机辅助教学的活动中，可以充分利用计算机技术的优势和特点，实现对教学内容的整合，呈现出多种形式，比如视频、图片、动画等，通过专门的展示系统进行图文并茂的演示，可以更好地实现视听结合，给学生带来更加直接且多样的感官刺激，全方位、多角度地吸引学生的注意力，使课堂教学活动富有生机与活力，进而弥补传统课堂教学中存在的不足，激发学生的学习兴趣和求知欲望，帮助学生更加全面、系统地吸收知识。与此同时，通过计算机辅助教学，教师还能够更为便捷地指导学生进行自主学习或者效果测验等活动。

（三）交互性强

受年龄、社会阅历及认知水平等条件的影响，学生的心理活动通常非常丰富，并且时刻处于变化和成长之中。作为现代教学手段中重要的一种，计算机辅助教学主要是通过计算机和学生之间的互动来开展教学活动，因此合理使用这一手段能够使学生一直处于积极主动探究知识的状态之中，不会像传统教学中那样容易疲累，因而能够获得更好的教学效果。将计算机辅助教学应用于教学活动中，不仅可以给学生提供更加直接多样的感官刺激，而且能够更深层次地刺激学生的心理活动。

教师在开展课堂教学的时候，可以从学生个体化差异出发，合理使用计算机辅助教学手段，灵活安排教学内容和进度。例如，教师通过多媒体教学课件强烈视觉刺激的特性来满足视觉型学生的学习需求，利用交互式课堂教学形式来满足外向型学生的学习需求，通过计算机辅助操作手段帮助学生在实际操作中学习和掌握知识。另外，通过计算机辅助教学技术，教师还能够根据学生的需求选择适当的教学内容、调整教学节奏，能够充分调动学生的学习积极性，使教学活动更具针对性，进而达到因人而异、因材施教的目的。

三、计算机辅助教学理论基础

（一）建构主义理论与计算机辅助教学

1. 建构主义理论内涵

（1）知识观

首先，知识并不是对现实直接而纯粹的反映。事实上，无论是何种知识符号承载形式，均不是针对现实绝对真实的表征。严格来说，知识应该是人们在认识客观世界的时候对事物进行的一种解释和说明，而不是设定的问题的最终答案。因此，随着人们思维的发展和认识水平的不断提升，知识也处于不断变革和发展之中，在人们不同的认知阶段通常会出现新的知识。

其次，在对世界运行和发展的规律及法则进行概括的时候，知识并不是绝对正确的，人们也无法提供适用于所有认知活动和能够解决任何问题的方法和措施。在解决实际问题的时候，知识也不是绝对准确和有效的，还需要使用者针对具体问题进行具体分析，然后选择适当的知识或者对已经掌握的知识进行加工处理之后才能顺利解决问题。

最后，知识是无法以实体的形式存在于这个社会上的，虽然人们利用语言文字等赋予了知识一定的外在形式，且得到了人们的普遍认可，但是这并不能够代表学习者对同种知识会存在相同的理解。因此，对知识的真正理解只能够通过学习者根据自己的认知水平和经验自行建构起来，取决于学习者在特定环境中具体的学习过程。脱离这一方面谈及知识理解是不客观的，也是不准确的，因为那并不是理解的范畴，而应该划归为死记硬背，属于被动地进行复制的一种学习行为。

从上述内容可以发现，建构主义理论中的这种知识观和传统的课程教学理论之间存在很大不同。从建构主义角度上来看，教材上面记录的知识只能够称为对某种现象或事物进行的比较可靠的解释和假设，而不是在认识和探索现实世界时的绝对参照。在某一个历史发展阶段出现的知识内容可能对于当时阶段是一种真理，但是并不代表其一直都会是真理。随着社会的发展和人们认识能力的提高，这一所谓的真理很可能会

在未来成为悖论。更加重要的是，在个体接受知识以前，无论是何种知识，其对于个体来说都是没有实质意义的。从这一角度上来理解教学活动，教师应该注意不能把知识当作事先已经决定的事实传授给学生，也不能将自己理解和认识知识的方式强加给学生，更不能用社会性的权威强迫学生接受。教师必须认识到，学生接受知识的过程只能通过其自己来完成，教师要引导学生以自己的经验作为支撑来对知识的合理性进行分析与判断。此外，在学习知识的时候，学生不仅要理解新知识，而且应该对新知识进行分析、检验和批判。

（2）教学观

崇尚建构主义理论的人通常非常注重学习过程的主动性、情境性和社会性，他们也提出了很多有关学习和教学的新见解。具体而言，教学观主要有以下几个方面。

第一，事物的意义无法完全独立于人们的意识而单独存在，其源于我们自身的意义建构。对于我们个人来说，在对某一事物进行理解的时候都是有我们自己独特的方式的。教师在教学活动中应该注意培养学生的合作意识，让学生主动发现那些与之观点不同的见解和认知。建构主义者通常对于合作学习非常重视，这些思想和重视社会交往对儿童心理发展具有重要意义及作用的思想认识是一致的。学习者通过自己的方式在对事物的理解进行建构的时候，受自身认知条件的影响，不同的人往往会注意到事物的不同方面，通常不存在唯一的、标准化的理解。由此可见，学习者通过合作学习，能够丰富自己对事物的理解。

第二，每个学习者对于某些事物或多或少都会有一些认识，因此，教师在开展教学活动的时候，绝对不能无视学习者的这些已有的知识经验，从外部直接将所谓的知识灌输给学习者，而是应该以学习者已有的知识经验为基础，并将之当作学习者新知识的生长点来引导学习者在原有知识经验的基础上获取新知识。这一认识和“最近发展区”的相关理论是一致的。教学并不是知识的简单传授，而是对知识进行的深入处理与转换。

第三，教师并不是单纯地将知识呈现给学习者，更不是知识的权威。教师应该在开展教学活动的时候，积极引导和关注学生对于社会上所发生的事情和现象的理解与感悟，要善于听取学生的看法，并主动思考这些认识是如何得来的，然后以此为基础，引导学生对自己的认知进行丰富和适当调整。教学活动应该以学习者为中心，注意发挥学习者的主体作用，当然，也不能忽视教师的主导作用。在建构主义理论下，教师应该从传统教学活动中的知识权威转变为学生学习的辅导者和引导者，要成为学生学习的伙伴。也就是说，在建构主义理论下，教师扮演着学生意义建构的帮助者和引导者角色，而不是知识的灌输者；学生则成为知识信息加工的主体，主动进行意义建构，不再是被动的知识接收者。简单来说，教师是教学活动中的引导者，学生成为教学活动中的参与主体，教师从传统教学中监控学生学习转变为帮助学生进行自主探索和合作学习，最终达到学生能够进行独立学习的目的。

2. 建构主义理论与计算机辅助教学结合应注意的问题

（1）避免相对主义

真理具有相对性，强调认识过程中的主观能动性，与客观主义认知相比，这种观点虽然有所进步，但是其过于注重相对性，很容易在认识上形成相对主义，这是需要特别注意的一个方面。因此，在将建构主义理论同计算机辅助教学进行结合的时候，应该使用优质的多媒体教学课件，如此才能够更好地指导学生学习知识。在这一过程中应该注意防止学生过分发挥自己的想象力，避免主观错误的认知结构出现。

（2）正确处理学习者、指导者与计算机辅助教学之间的关系

教学活动应该在教师的指导下，以学生为中心进行。也就是说，在教学活动中不仅要充分发挥学生学习的主体作用，而且应该重视教师的引导作用。正如上面内容所提及的，教师不是知识的灌输者，而是学生意义建构的帮助者和引导者。作为知识信息加工和处理中的主体，学生才是真正的意义建构者，而不是传统教学活动中被动的知识接收者。因此，教师应该在教学活动中找准自己的定位，将自身引导作用充分发挥出来，利用计算机辅助教学来进行适当的教学情境创设，帮助和引导学生在新旧知识之间建立联系，让学生明确当前所学的知识所具备的实际

意义。

（3）适度适量教学

在进行计算机辅助教学的时候，受计算机信息技术便利性的影响，一堂课中教师能够向学生讲授更多的知识。此时，教师如果不能掌握好适度适量原则，盲目地将教学内容进行合并，导致原理、概念等内容较多，就很容易使学生难以接受和掌握。因此，在面对计算机辅助教学大容量和高密度等优势的情况下，教师必须适度适量教学，控制好课堂教学内容的容量，以免形成现代化“灌输式”教学形式。教师应该以建构主义教学理论为依托，对学生的实际情况进行充分考虑，选择适当的教学内容，激发学生的主动性，使他们能够充分展现自己的主体性。教师应该从多个角度帮助学生对课堂教学中的重点知识和难点知识进行掌握和理解，以此帮助和引导学生建立起合理的、科学的知识结构，在此基础上对学生各个方面的能力进行提升。在实际的教学中，教师应该转变自己传统落后的教学理念，以先进的教学理论作为指导，适度适量地采用计算机辅助教学手段来对教材内容进行充实和挖掘，以更好地提升学生的学习能力。

作为计算机信息技术革新和发展的产物，计算机辅助教学的产生和发展是历史的必然，而且必定会对教学活动实践产生重要影响。总的来看，计算机辅助教学从根本上改变了传统教学理念和方式，推动了教学效率和教学质量的提升，使教学活动得到了巨大改变和发展。然而，我们也必须意识到，虽然计算机辅助教学有许多优势和独特的作用，但它并不能完全替代传统教学方法与手段。如果在教学活动中过分地依赖计算机辅助教学，不仅无法收获良好的教学效果，有些时候甚至会适得其反。因此，在认识计算机辅助教学时应该将重点放在“辅助”二字上面。要注意，计算机辅助教学是在一定思想观念和理论指导下开展的，而将建构主义理论融入计算机辅助教学活动中，可以帮助教师在教学实践中不断进行总结和完善，进而充分发挥其优势和作用，更好地开展教学工作。

（二）多元智能理论与计算机辅助教学

1. 多元智能理论的主要内容

（1）语文智能

所谓语文智能，主要指的是利用语言或者文字进行思维表述、与人进行正常交流活动的能力，如社会中的编辑、记者、律师等均是对语文智能要求较高的职业。对于具有较突出的语文智能的人来说，他们通常会对文字、语言等非常敏感，如语文智能较突出的学生往往会喜欢语言、历史、政治等文科类课程，在谈话的时候通常喜欢引经据典、高谈阔论，对于写作、阅读等活动有较大兴趣。

（2）逻辑数理智能

所谓逻辑数理智能，主要是指合理引用数字资源以及进行逻辑推理的能力，如社会上的财务会计、统计学者、数学家、税务人员以及计算机程序员等职业对于逻辑数理智能的要求都比较高。在学校教育活动中，对于逻辑数理智能突出的学生来说，他们往往非常喜欢与数学相关的科目，喜欢向自己提问题并倾尽全力寻找答案，喜欢在对事物认知的过程中探索规律，猎奇心比较强，对于科学研究中的新发现或新事物往往极具兴趣，喜欢在与人交往和讨论的时候寻找别人的漏洞和不足，对于能够被明确分类和测量的事物更易于接受。

（3）空间智能

所谓空间智能，主要指的是能够通过自己的感官对空间要素进行感知，并将知觉到的事物表现出来的能力。具体来说，空间智能主要包括对事物的形状、色彩、空间位置等要素以及它们之间的关系所具有的敏感性，也包括将对于某一事物的感官想法具体呈现在脑海中，或者在一个空间矩阵当中快速准确找到方向和出口的能力。室内设计师、导游、摄影师等都是对空间智能要求比较高的职业。对于学生群体而言，空间智能突出的学生往往对于色彩和事物形状非常敏感，喜欢拼图、积木以及迷宫等游戏和活动，喜欢在认知事物的时候进行联想和想象，阅读的时候喜欢观看其中的插图，在数学学习中对于几何的掌握比代数更好。

（4）肢体运作智能

所谓肢体运作智能，就是指能够充分利用自己的肢体动作和语言来表述自己的看法与观点，善于通过自己的双手来生产或者改造事物。肢体动作智能主要包括如弹性、速度、协调、平衡等身体技巧以及触觉导致的各种反应能力。在现实生活中，舞蹈家、演员、运动员等职业对于肢体运作智能的要求普遍较高。这类人往往难以忍受久坐不动，他们通常喜欢运动，如跑步、走路、跳绳等，在和别人谈话和讨论的时候喜欢加入手势语言或者其他肢体动作来强化自己的语言说服力，喜欢自己动手制作事物，如雕刻、编织等，往往比较喜欢具有一定惊险程度的活动，并且有定期进行体育锻炼的习惯。

（5）音乐智能

所谓音乐智能，即人们所具备的能够感觉、辨别和表达音乐情感的能力。音乐智能主要包括对音乐作品中的音色、音调、旋律、情感等的敏感性。歌唱家、指挥家、作曲家、乐器表演者等都需要从业人员具备较高的音乐智能。一般来说，音乐智能突出的人往往歌喉比较好、乐感比较强，能够比较容易地判断音乐的准确度，对音乐演奏的节奏非常敏感，通常在边听音乐边工作的时候效率更高，对于一首歌曲，往往只要听过几遍就可以比较准确地哼唱出来。

（6）内省智能

所谓内省智能，主要是指对自己的能力有比较准确且清楚的认知，并能够据此做出适当行为的能力。内省智能主要包括对自己有足够的了解和认识，能够有意识地、良好地把握自己的情绪、脾气、欲望等，具备自律、自知、自尊的能力。内省智能比较突出的人往往有写日记和睡前进行自我反省的习惯，喜欢从各种渠道来认识自己的优势和缺点，喜欢在安静的环境中进行思考，喜欢对自己的人生路径进行规划。这类人适合从事心理辅导工作等。

（7）自然观察者智能

所谓自然观察者智能，主要是指对自然界中的万事万物有比较浓厚的兴趣，并且具备强烈的关怀意识、敏锐的观察能力和对事物的辨别能力。对于自然观察者智能比较突出的人而言，生态保育员、生物学家、地质学家、护林员等都是比较合适的职业。

（8）存在智能

所谓存在智能，主要指的是思考和陈述生与死、生理和心理的关系，以及世界命运等倾向性的能力。如人类是如何发展而来的、在人类出现之前地球环境是什么样子的、宇宙中其他行星上是否有生命存在等。

2. 多元智能理论对计算机辅助教学软件开发的启示

（1）软件目标多元化

学校教育的宗旨受到多元智能理论的影响，主要在于对学生的多元智能进行培养，促进其全面协调发展。与之对应，在计算机辅助教学指导下开展的教学活动的目标也是多元化的。因此，在将多元智能理论和计算机辅助教学进行融合的时候，对传统的将获得高分作为唯一目的的理念进行转变，在对计算机辅助教学软件进行设计的时候，不仅要注重推动学生语文和逻辑数理等智能的发展，而且应该注重对学生空间智能、音乐智能、肢体运作智能等其他多方面智能的培养与提升。在实际教学活动中，要注重发挥教学软件的辅助作用，明确教学软件是学生的学习伙伴，对其重要价值有深入的认识。

（2）软件内容丰富化

要想顺利利用计算机辅助教学来培养和提升学生的多元智能全方位发展，教师就必须改善当前传统教学软件中内容单一、涵盖不全的状况，要对软件内容进行质和量双方面的丰富。长期以来，教师在传统的教学活动中的主讲内容是单个的知识点，导致教学内容之间缺乏联系，且结构单一，难以吸引学生的注意力，无法激发学生的学习兴趣，学生多元智能协调发展自然无法达成。鉴于此，教师必须充分利用计算机辅助教学来充实教学软件的内容。需要注意的是，这里所指的软件内容丰富化并不是单纯丰富知识点，还需要丰富知识点呈现的媒体形式。也就是说，软件不仅要利用文字展示知识，而且应该具有声音、图像、动画等多种展现形式。此外，软件的内容变得越来越丰富，这也要求我们呈现知识的方式更加多样化，如有机地将线性展示和随机点播相结合，将自主探索和合作学习进行整合，进而在内容层面以丰富多样的材料和形式推动学生多元智能协调发展。

（3）软件开发多元化

一般来说，会有专门人员开发相应的软件，使其运用到传统课堂教学过程中，方便学生和教师使用。在传统的课堂教学过程中，尽管一些教师会制作一些软件，但基本上主要为电子版的文字教材。在传统的教学中，对于学生的需求，不管是专业的开发人员还是教师都没有对此进行考虑。在多元智能理论中，非常注重学生的主体地位，也非常强调学生的主动性和积极性的激发，积极引导和鼓励学生参与教学的各个环节，以此来更加有针对性和全面地发展他们的多元智能。如此一来，我们的软件开发人员在开发设计教学软件的时候就必须充分考虑教师和学生等各个方面的因素，要尽量使教学活动涉及的各方面都参与到软件开发过程中，实现软件开发的多元化。

（4）软件应用情景化

从本质上来讲，智能是指解决实际问题的能力。在传统的教学活动中，软件的使用往往是非常生硬的，通常情况是作为电子黑板来进行使用，对于软件的使用缺乏合适的背景以及情景，这就没有办法吸引学生的注意力和兴趣，最终导致其所具备的作用难以有效发挥。运用多元智能理论的思路，我们知道学生的多种智能的培养与强化可以在特定环境中实现。鉴于此，要想利用多媒体计算机辅助教学软件来对学生的多元智能进行培养，就应该在运用软件的时候创设情景、营造良好的氛围，只有这样才能真正发挥多媒体计算机辅助教学软件的作用和效果，促进教学与学生的学习。

（5）软件评价过程化

传统的评价方式偏重于对结果的评估，而对教学过程的评估有所忽视，一直是结果至上的观念，不够注重过程。但是，众所周知，学生的成长并非一蹴而就，是一个漫长的过程，因此，对于学生的评价就不能仅仅对过去进行反省，还应该激励学生面向未来。因而，多元智能理论非常注重和强调评价的过程化，其认为在学生借助软件进行学习的每一个阶段中都应该有一个相应的评价体系，以此来确保学生的每一个进步都能够及时地得到评价。

第二节　计算机辅助教学发展

一、计算机辅助教学发展基础

在 20 世纪后半期的教育发展进程中，计算机辅助教学技术的应用应该是教育领域的重大成就之一。实际上，在计算机刚刚出现在这个世界上的时候，就已经有人想要将之应用到教育活动中。20 世纪 50 年代末 60 年代初，美国已经着手开始此方面的研究和探索。时至今日，经过短短几十年的发展，计算机辅助教学便实现了突飞猛进。今天，计算机辅助教学已然成为处于不断发展中的一个新兴的研究领域，并且产生了独特的理念、方法、技术、成就等。总的来说，计算机辅助教学的产生和发展是依托于以下几项基础条件才得以实现的。

（一）物质基础

计算机的诞生和不断发展推动着人们进入了真正意义上的信息时代。在计算机的不断发展过程中，其被广泛应用于社会生活和工作的各个领域，人们的日常生活和工作已经无法离开计算机。如今，计算机已经成为推动整个社会向前发展不可或缺的重要动力，将其广泛应用于教学领域，可为教育改革和发展提供全新的路径与技术方法，如果对其进行合理应用，在提升教学质量和效果、扩展教学范围和领域以及帮助教师专业发展等方面都会产生十分重要的积极影响。因此，作为重要的信息处理工具的计算机，是计算机辅助教学的产生和后续快速发展不可或缺的重要物质基础。

（二）社会基础

计算机的产生和发展使我们的生活与以前相比发生了翻天覆地的变化，推动着我们进入了信息时代。在这个新的社会环境中，“知识爆炸”已经成为一个极具代表性的特征。此外，信息时代的知识更新速度也越来越快，职业更替也越来越频繁，种种变化都对社会生活中的各个

方面提出了全新的、更高的要求，尤其是在教育教学方面，迫切需要进行转变和革新。在这一背景之下，传统的教学手段和方法已经很难满足当前信息社会发展的需要，计算机技术融入教学活动成为信息社会中的必然趋势。通过将计算机技术融入教学活动，可以更加方便和高效地解决教学过程中存在的问题，这是社会发展的一种必然趋势，因此我们说信息社会对教育的要求是计算机辅助教学产生和发展的社会基础。具体而言，其包括以下几个方面。

1. 教育教学观

随着人们迈入现代信息化社会，信息技术的广泛应用和互联网技术的不断发展越来越成为当今社会的一个显著特征，而知识成为社会劳动中最重要的一种生产要素，不断通过思维和习惯的变化来适应社会发展的需要成为这个时代具有代表性的生命线，合作互动成为在信息时代保证生存和获得发展的重要方式。与此同时，人们的教育教学观念也随着人们的认识水平和信息技术的不断发展在不断地发生变化。从当前人们的认知来看，信息时代的发展明确了个人发展和社会发展相互统一的教育价值观念，重视通过个人的发展来推动整个社会的向前发展，改变了传统教学活动中片面强调教育推动社会发展的价值取向。

此外，在促进人们不断进步和发展的同时，信息时代还要求人们树立全民发展和个人发展相协调，推动人们持续、全面发展的教学理念。从这一方面进行理解，未来信息时代的教育教学活动必须向民主化、终身化、多样化、个性化和国际化等方向发展。所谓民主化，主要强调使社会上每个公民都能够获得相同的接受教育的机会；所谓终身化，主要指的是使教育教学活动充分融入人们的生活工作之中，使人们获得接受终身教育的机会，而且对于学习者的学习能力也要非常重视，如此才能够更好地满足人们终身学习和接受教育的需求；所谓多样化，主要指的是为社会民众提供接受教育的多样化条件和多种途径；所谓个性化，主要是指针对不同认识水平和不同学习能力的学习者提供差异化的学习条件，进而使社会上的每个人都能够在自己原有水平之上获得进步和发展；所谓国际化，主要指的是在全球化交流和互动日益频繁的背景下，采取适当手段拓展教育空间，使本土化教育和全球化教育进行有机融合，使人们接受更加广泛的教育。上述种种教育教学观念的实现和发展，都是和计算机辅助教学息息相关的。

2. 人才观

判断一个人是否成才，并不能单纯依靠学习成绩判断，而是应该通过多元化和个性化的标准进行合理评判。我们从这个角度进行人才观的理解可以发现，社会上每个人都可以成才，每个人都能够走向成功。对于学生群体而言，其个体差异性是比较明显的，学生的性格不同、家庭条件不一样等因素会导致每个学生都有不同发展程度的多样化智能，而众多智能类别当中必然会有一种或者多种优势智能。基于学生的此种现状，教师在开展教学活动的时候必须认识到，每个学生都是拥有独立人格和特征的个体，因此必须采取适当手段为学生的优势发展创造条件，使学生的学习主体性能够得到最大限度的发挥，使所有学生都能够在原来基础之上获得一定程度的发展。

信息时代的到来和发展对人才的素质结构和思维观念等都提出了更新的、更高的要求，具体体现在和计算机辅助教学相关的知识、能力、情感及态度等诸多方面。因此，在这个信息时代中，不论是教师还是学生，都应该掌握一定的计算机技术和网络操作技术，如能够熟练使用基本的自动化办公技术、掌握一定的信息检索技术和多媒体课件制作技术等。此外，教师和学生还应该具备 3T 素养，即技术运用（Technology）、团队协作（Teaming）、迁移能力（Transference）。

3. 教育质量评价观

随着人们认识水平的不断发展，世界各国的教育质量评价观发生了一定的变化，这在一定程度上推动了计算机辅助教学的进步和发展。从当前的教育质量评价观来看，其主要包含以下特点。

第一，更加重视人们的素质发展，淡化了狭隘的甄选标准，使评价功能与以往相比发生了较为明显的转变。

第二，更加注重对被评价对象的综合评价，更加注重人们个体之间的差异化评价，使评价指标更加多元化。

第三，对于质性评价的强调程度加深，将定性评价和定量评价有机结合，评价方法越来越多样化。

第四，注重评价过程中所有成员的参与和互动，将自我评价和他人评价进行结合，使评价主体更加多元化。

第五，更加注重过程中的评价，注重将终结性评价和形成性评价进行有机结合，评价重心和传统评价活动对比实现了转移。

4. 学习方式

身处信息时代，传统的学习方式已经无法满足人们发展的需要，因此必须探索新的学习方式。从当前的教育教学活动和人们的发展需求来看，创新性学习、自主探索学习、个性化学习、合作学习以及基于技术的学习方式等更为适用。计算机技术不断进步和更新要求学习者必须掌握一定的计算机技术，能够在计算机平台上进行自己所需的教学资源检索，并以此为依托进行自主探究学习和个性化学习，使“学会”和“会学”得以共同发展，推动学习者自身发展。

在信息时代进行的学习活动要求学习者能够在相关信息技术的支持下更高效率地进行学习，更好地发展自己所需的相关技能。例如，学生应该掌握一定的数据建构和分析技术，通过建构数据库、数据可视化分析、知识信息阐释等手段来更加深入和清楚地理解复杂数据之间的相互关系，进而更好地进行决策和发展；能够通过知识结构构建和知识管理，将自己掌握的知识和经验转化成个体发展和职业发展的有效手段，并且应该培养自己终身学习的观念和习惯；能够通过信息可视化处理，将静态和复杂的信息数据转变为动态和清楚的信息数据；能够通过表述和呈现能力的锻炼，掌握有效传播信息的技巧；能够通过与其他人进行通力合作，扩展和强化自己的人际关系，增强自己进行项目管理的技能；能够通过虚拟合作，提升自己在一定时间之内和合作者远程协作的能力。

（三）心理学基础

在计算机辅助教学产生和发展的心理学层面，以美国心理学家伯尔赫斯·弗雷德里克·斯金纳（Burrhus Frederic Skinner）为代表的行为主义学习理论对其有比较直接的作用和影响。在程序教学理论的指导下，教师通过计算机技术进行程序教学，往往能够获得出乎意料的良好效果，其直接推动计算机辅助教学成为课堂教学中的重要工具。在这些理论基础的支持下，基于框架的、小步骤的分支式程序教学自产生之日起至今始终是计算机辅助教学中课件设计和制作的主要开发模式。而随着时代的变化和发展，新的教学理论不断出现，这也推动着计算机辅助教学逐渐成为一门具有交叉性质的新兴学科。基于这种现状，计算机辅助教学得以在心理学相关理论基础的支持下迅速产生并获得进步和发展，这是符合历史潮流和时代需求的。在计算机辅助教学的形成和发展过程中，除了心理学理论对其有直接影响，其他如信息论、控制论等诸多理论基础在计算机辅助教学的形成和发展过程中也不同程度地发挥着各自的作用。

二、计算机辅助教学发展现状

（一）理论研究薄弱

随着学习理论的不断丰富与发展，学习理论对于计算机辅助教学的基础支持作用和指导作用等越来越突出。从我国当前教育领域的相关研究来看，我国对于学习理论的探索和研究非常重视，不论是教学过程的实施、教学模式的构建与选择、教学课件的制作和设计、教学软件的开发还是教学目标的设定等，均能够发现学习理论的身影。学习理论发展至今，行为主义、认知主义和建构主义已经成为当前对教学技术产生重要影响的三大内容，对我国计算机辅助教学的发展具有深刻影响。尤其是建构主义理论的提出和发展，更是在很大程度上推动了我国教育改革的进程，对计算机辅助教学的发展具有重要的现实意义。

但是，我国教育技术界很多研究都是在理工科背景下进行的，缺少教育学、心理学等重要理论基础支撑，导致其在发展过程中出现了一些问题。虽然在教育技术界不乏心理学家，但是他们的风格和认识都是美国式的，在很多情况下和我国的国情不符。而从我国的教育技术界中的人物来看，以理工科居多，虽然有一些是教育学和心理学领域的，但是数量很少。这就导致我国教育技术领域的研究缺乏重要的理论支撑，很多研究只能借鉴或者直接参考西方心理学的认知内容，致使计算机辅助

教学理论基础薄弱。

（二）教师信息素养尚需提升

教师在计算机辅助教学中是不可或缺的一个要素，在其中发挥着无可替代的重要作用。不管是在何种教学活动中，教师都是起主导作用的，这一点毋庸置疑。而计算机辅助教学实际上只是一个辅助工具，是帮助教师更好地开展教学活动的。因此，教师信息素养的高低对计算机辅助教学是否能够获得理想的效果有至关重要的作用。随着信息技术的不断发展，计算机的功能越来越强大和多样，而一些教师是非计算机专业的，又受到传统教学理念的影响，在面对计算机辅助教学的时候会出现手足无措的状况，导致教学活动中出现一些问题。

1. 教师的计算机水平有限

受计算机应用于教学活动这一现状的影响，教学必须具备一定的计算机操作技术。具体来说，掌握最基本的计算机相关知识和操作技能、能够利用多媒体教学系统、可以进行教学课件制作并进行操作等应该是对教师计算机技术的最低要求。但是从当前的教学活动来看，一些学校尤其是一些偏远地区的学校，仍然存在只有计算机课教师才能够流畅使用计算机，而其他科目的教师计算机水平偏低的情况，这影响了计算机辅助教学的发展和应用。

2. 教学方式方法的形式化

从教学功能来看，计算机辅助教学和传统教学具有非常明显的区别，相比较而言，前者的知识呈现形式更加多样，而且利用方式也更多。对于此，一些教师就只认识到计算机辅助教学的这一优势并进行片面放大，在使用过程中只是为了直观而直观，只关注课件的内容丰富和展现华丽，忽视了计算机辅助教学为教学活动服务这一最重要的目的。在课堂教学中，常常出现一堂课展示太多华丽课件而致使学生无法将注意力集中到知识获取上面的情况。

此外，教学方式方法的形式化还有另外一个重要表现，即只注重形式而忽视了传统教学中那些有效的教学手段。这具体体现在以下几个方面。

第一，一些教师在使用计算机辅助教学技术开展课堂教学活动的时候，会将其直接覆盖整堂课，而将其他教学手段全部抛弃，甚至在课堂上无论什么知识都只用课件进行展示，而不再进行板书，师生之间的交流互动也越来越少。实际上，在课堂教学中进行适当板书是具有很大优势的，不仅可以对知识点和学习步骤进行示范，而且能够缓解学生的紧张情绪。教师在课堂上的朗读虽然可能无法与那些名家相比，但是也能够做到字正腔圆、情感饱满，有利于将文字描述中蕴含的感情传递给学生。这些对于师生之间进行良好互动都非常有利，而且这些都是教师单纯移动鼠标、利用课件呈现知识所无法实现的。

第二，一些教师为了活跃课堂气氛，会在一些不需要使用计算机辅助教学的知识传授中仍然盲目使用计算机辅助教学技术，导致课堂教学出现反效果。例如，对于一些通过板书或者其他教学媒体进行辅助教学就能够产生良好教学效果的知识都使用计算机辅助教学，会导致在教学过程中出现过度依赖计算机辅助教学，对教学效果产生负面影响的情况。

第三，计算机辅助教学具有比较明显的提升教学效率的优势。于是一些教师便不顾教学大纲的要求和教学目标的设定而随意在课件上增加教学内容，导致学生在上课时面对课件眼花缭乱，无法掌握知识要领，使计算机辅助教学成为“满堂机灌”模式，导致教学效率无法获得提升。

3. 计算机模拟功能的滥用

计算机辅助教学具有重要的模拟功能，因此对于一些比较抽象的知识，教师可以通过教学课件直观地进行展示，即所谓的“以假代真”。例如，物理教学中的振动、电磁波等内容是看不到、摸不着的，直接进行语言和文字叙述学生常常很难进行理解，这个时候教师便可以通过计算机的模拟功能使之直观地呈现出来。此外，一些比较危险的化学实验，也可以通过计算机辅助教学的模拟功能来进行虚拟操作，可以避免发生危险。但是，在现实教学活动中，一些教师会盲目地将这一功能应用于全部的实验教学中，导致应该学生亲身操作的实验变成单调地观看实验，只能够被动地接受实践结论，对于学生动手操作能力的培养产生不利影响。例如，一些化学实验不仅需要学生观察到试剂融合之后颜色的变化，而且需要学生通过嗅觉进行味道的判断，对于这种实验，如果仍

然单纯使用计算机辅助教学，学生就只能看到颜色变化，而无法亲身感知味道，进而无法获得令人满意的实验教学效果。

从当前的计算机辅助教学的应用来看，其所有的反应都是由已设定好的程序决定的，缺乏灵活性，在教学活动中遇到突发情况时无法及时进行处理，最多只能在师生互动过程中起到一定的作用，这也制约着其发展与应用。就目前来看，计算机辅助教学有着普遍的应用，而且多数也获得了良好的教学效果。但是一些教师在课堂上以计算机辅助教学为主，使之完全取代了自己的作用，而教师自己只负责教学系统的操作，学生跟随课件展示进行学习，严重影响到师生之间的互动和交流。

4. 对计算机辅助教学的认识有误

对于计算机辅助教学而言，其在真正应用过程中通常是以“观摩课”的形式进行的，信息技术和具体的学科教学并没有真正融合到一起。之所以会出现这种情况，是因为教师对计算机辅助教学的认识存在一定的误区。在一些教师的观点中，认为计算机辅助教学需要教师自己制作教学软件，这会消耗教师很多的时间和精力，是一种投入多而产出比较少的工作，仅适用于教学评比、检查等形式的情况，这导致一些学校只有在公开课或者应付教学检查的时候才会选择使用计算机辅助教学开展教学活动。

（三）软件开发水平不高

计算机辅助教学软件和其他一些应用软件最大的不同就是其主要服务于教学活动，并且会融于整个教学活动之中，其主要目标是提升教学质量和效果。由此可见，计算机辅助教学软件必须与现代教育理论相辅相成，要符合当前的教学规律和原则。但是从实际情况来看，其仍然存在如下一些问题。

1. 软件开发工具单一

在我国，教育部门或者一些学校会经常性地举办一些课件比赛，有些甚至直接规定只能利用什么软件或者何种系统进行设计和制作，这会导致教师掌握的课件制作手段单一，进而使教师对计算机辅助教学认识不足或者产生错误认识，对计算机辅助教学的发展产生不利影响。

2. 软件开发体系亟待完善

在如今的教育市场上，虽然已经有数量众多且形式多样的教学软件，但实际上真正适用于教学活动的软件并不多，在各级学校之间目前仍然缺乏一个比较完整的、涵盖范围广的开发体系，重复建设的问题比较突出，而且教师一般都是单兵作战，无法实施规模化教学。基于此种教学软件的现状，相关工作人员和教师都应该投入到传统教学手段和计算机辅助教学技术相融合的工作和研究中。

在实际的教学活动中最大的一个障碍就是当前一些教师虽然教学经验非常丰富，教学体系也比较完善，但是缺乏必要的计算机应用技术，无法随心所欲地使用计算机来开展教学活动，导致教师空守宝藏而无法将之与现代化教学手段进行融合，对计算机辅助教学课件的开发造成影响。此外，教师对自己教学活动的安排一般就是其对某一课题教学内容进行构思和理解，这也是制作教学课件的重要前提。但是单凭教师自己完成所有课堂教学课件是比较困难的，因为课件制作需要花费的时间和精力都比较多，这对于教师整体教学的设计容易产生不利影响。

3. 教学软件开发忽略了学生的主动性

通常，在课堂中教师所使用的课件是在教学要求的基础上进行设计与制作的，然而，当前的课件开发风格更偏向于直观和生动，很少能够对学生作为学习主体的主动性进行激发。在进行设计和制作课件的时候基本上只关注到了教师的“教”，并不重视学生的“学”，也就是说，教学软件的设计与制作基本上都是以如何“教”为中心，对于学生的“学”很少涉及。在对课堂教学软件进行设计的时候，如果按照这样的理论，那么学生很难有机会参与到教学活动之中，学生基本上处于一个被动接受的状态和处境，这不利于学生积极性和主动性的发挥和培养，也不利于培养创造型人才，并且教师也非常容易进入一种教学误区——“人灌+机灌”。不仅如此，教师也会深受定型的课件影响，会机械地围绕课件进行课堂教学，这将导致课堂教学中最为重要和精彩的“即兴发挥”逐渐消失，这使得原本的课件辅助教师逐渐演变为教师辅助课件，甚至是“课件为主，教师为辅”。

因此，我们需要加强课件的灵活性、开放性和可扩展性。

三、计算机辅助教学发展策略

（一）正确认识计算机辅助教学的功能

计算机辅助教学自身有着非常重要的功能和作用，不管是教师还是学生，都应该对其有充分的认识。计算机辅助教学是一种新型的教育模式，在教学活动中扮演着极其重要的角色，这一点是不言而喻的。然而，就目前对计算机辅助教学的理解来说，无论是教师还是学生，对其都处于一知半解的状态之中，这对于计算机辅助教学活动的正常开展是不利的。从当前的计算机辅助教学活动现状来看，对其存在的认识错误主要体现在两个方面：一是教师和学生在一定程度上会忽视计算机辅助教学所具有的功能和价值；二是教师和学生对于计算机辅助教学的应用情况缺乏深入的了解。

基于此，对于计算机辅助教学应该从这样一种观点来进行认识，即作为一种新颖且先进的现代化信息技术，将计算机辅助教学手段融入课堂教学活动中会起到非常重要的作用。具体来说，在课堂教学活动中运用计算机辅助教学，可以改善和调动教室氛围，激发学生学习兴趣，吸引学生的注意力，以此引导和吸引学生更加积极主动地参与课堂教学活动。但是需要注意的是，计算机辅助教学并不是万能的，师生之间必要的交流和沟通是计算机辅助教学所不能替代的。因此，教师和学生在正确认识计算机辅助教学之后，必须摆正态度，不仅要发挥学生的学习主体性，而且要充分体现教师的课堂主导作用。

（二）提升教师能力，发挥学生自主性

对于教师自身而言，在利用计算机辅助教学开展课堂教学活动的时候，还应该注意其专业技能和职业素养的提升。在实际课堂教学活动中，教师是计算机辅助教学最直接和最主要的执行者，教师的每一个动作、每一步操作都会影响课堂教学效果。在当前的实际教学活动中，受计算机知识认知和操作技能掌握水平偏低的影响，一些教师在应用计算机辅

助教学的时候容易出现问题。鉴于此种情况，教师必须注意提升自身技能和知识素养，不仅要全面掌握计算机基础知识和技能，而且要能够将其合理应用到教学实践之中。从学校层面来看，相关领导也应该举办一些计算机辅助教学方面的讨论会、专题讲座等，可以邀请知名专家和学者来讲授能使本校教师更加科学有效地应用计算机辅助教学的知识和技能，与此同时，还应该注意适时进行实践训练。

在计算机辅助教学活动中，教师还应该注意充分发挥学生的主体作用。在传统的课堂教学活动中，教师始终扮演着教学活动的掌控者角色，只是站在讲台上面照本宣科，学生只能在台下被动地接受知识，这种传统教学模式严重阻碍了学生学习兴趣的激发和培养，也不利于调动学生的学习积极性。而将计算机辅助教学应用于课堂教学活动的时候，教师应该注意发挥学生的自主性，促使学生积极主动地参与到整个课堂教学活动之中。而为了实现这一目标，教师在具体开展教学活动的时候，可充分利用计算机辅助教学所具备的多种形式，将知识以声音、动画等形式整合起来，丰富教学内容，创新教学手段，进而激发学生的学习积极性，吸引学生主动投入到计算机辅助教学之中。此外，如能做到这一点，还能够使课堂氛围更加活跃，使学生在愉快生动的学习氛围中开展学习活动，进而提升教学效果，推动学生全面发展。

在实际教学过程中，教师还应该注意学生之间所具有的差异化特征，如认知水平、学习兴趣、年龄等差异，这也会影响计算机辅助教学的正常开展。因此，教师在将计算机辅助教学用于课堂教学活动的时候，应该遵循针对性原则，深入了解学生的个性差异，在此基础上组织教学内容，选择适当的教学形式，如此才能够使学生主动地投入到设计好的教学情境之中，进而全面深入地理解和掌握教学内容。

（三）利用多媒体课件，丰富教学内容

在课堂教学活动中，教师使用计算机辅助教学的时候也应该合理使用多媒体教学课件。在计算机信息技术的支持下，计算机辅助教学能够对教材内容以图片、动画、视频等多种形式进行展示，能够带给学生更加直观、形象的感受。这一点是传统教学手段所不具备的，也是无法与

之相比较的。通过这种手段，可以让学生充分注意教学内容，调动学生的积极性与主动性，增强其学习兴趣和参与感。

因此，教师在开展计算机辅助教学活动的过程当中，应该将图片、动画等展示形式合理融入教学过程中。此外，教学课件还具备呈现众多丰富多样教学内容的优势，教师可以利用这一点，在教学课件中加入其他领域中与教学有关的内容，实现对教学内容的丰富和拓展，以此来开阔学生的眼界。教师应该立足于学生的实际，利用计算机辅助教学创设真实情境，将知识讲授和学生的实际生活紧密联系到一起，坚持“因材施教”的原则，针对不同水平的学生设计差异化的教学课件和内容。不仅如此，教师在计算机辅助教学中还应该引导学生将掌握的知识运用于实际生活之中，进而更深入地内化知识，达到知行合一的目的。

（四）加强师生之间的交流与沟通

在推动计算机辅助教学发展的过程中，我们还应该重视加强教师与学生之间的互动和交流。在当前的计算机辅助教学中可以发现，受计算机信息技术过度应用的影响，教师和学生之间的交流和沟通变得越来越少，而传统课堂教学活动中师生之间的互动一般是比较频繁的。究其原因，计算机辅助教学被广泛应用于课堂教学活动中，使师生之间的双向互动交流发生了重大改变，原来的“教师—学生”之间的直接交流模式转变为“教师—计算机—学生”的模式，这对于师生之间情感交流和思维碰撞都是非常不利的。

在如今的课堂教学活动中，尤其是年轻一辈的教师，通常习惯于依赖计算机辅助教学来开展教学活动，但教师只是将教材知识制作成课件呈现给学生，而在课堂上学生眼睛则一直盯着屏幕，原来师生之间的交流变成如今的无交流状态。基于这一问题，教师必须认识到，虽然计算机辅助教学已经广泛应用于教学活动中，但并不代表其是课堂教学的主体，也不代表其能够完全替代教师的作用。计算机辅助教学不管有什么优势，也只是一种辅助教学手段，是为师生之间的情感交流与思维碰撞服务的，教师的作用是计算机辅助教学永远都无法取代的。因此，教师在应用计算机辅助教学的时候，应该将其功能充分发挥出来，为学生创设一种直观而生动的学习氛围，吸引其注意力，激发学生的学习兴趣和学习积极性，进而更好地促进师生之间的情感交流。

（五）综合应用学习资源

计算机辅助教学软件的设计和开发因学习理论的不断发展而不断发展，学习理论为其提供了重要的理论基础，并且也是计算机辅助教学软件质量得到提升的保障。在如今的教学活动中，建构教学情境的时候计算机会起到非常重要的推动作用，但是要注意这并不代表计算机辅助教学是唯一的学习资源。在实际的教学活动中，只有综合并恰当运用各种各样的学习资源，充分发挥各种教学媒体和软件各自的作用和优势，才能够推动学习环境顺利建构。目前来看，建构主义学习理论是当前最受人们关注的学习理论之一，计算机辅助教学的发展和应用也受其深刻影响。计算机辅助教学可以体现这一理论，因此，在未来，计算机辅助教学拥有广阔的发展前景。

教师在开展教学活动之后，必须综合开发与利用学习资源，如此才能够推动计算机辅助教学顺利发展。具体而言，主要涉及如下两个方面。

第一，在计算机辅助教学中，教师计算机操作技能持续且有效的培训是至关重要的。在当今信息时代，任何一位教师都需要具备一定的计算机操作技能，以适应计算机辅助教学的发展和变革。因此，从事教学工作的人员都应该进行有效且持续的计算机相关培训与学习，发展其综合素质和能力，这也是在课堂中融入计算机辅助教学的关键。随着信息技术的不断进步，在教师的生活和工作中，计算机将成为不可或缺的工具。教师可以利用计算机便捷地获取信息、制订教学计划、组织教学活动、布置课外作业以及收集学生的反馈信息等，从而更好地开展教育教学工作。因此，作为一名合格的教师，其需要熟练使用计算机辅助教学技术，如此才能够推动学生全面发展。

第二，可以对教学资源和素材进行多渠道、多方面的收集，在此基础上建立教学资源库，以此来保证计算机辅助教学具备充足的资源。在

实际的课堂教学活动中，为了更好地开展教学活动，教师必须根据教学需要来收集和整理教学素材，如一段动人的音乐、一幅美丽的画作等，这些都可以成为课件中的教学内容。而这些素材的获取路径是比较多样的，教师可以选择利用信息检索技术在互联网上进行搜索，也可以利用相关软件自行制作，或者通过具体设备获取相关资料等。基于此，学校可以集中本校教师多方收集的各种教学素材进行分门别类，构建成专门的教学资源库，以方便教师随时获取和使用，这可以为计算机辅助教学的顺利开展提供充分保障。

一旦教师掌握了必要的计算机技能，就应该有意识地将计算机辅助教学工具与本学科的特点相结合，以充分利用这些工具来提高教学质量。只有掌握计算机辅助教学技能，教师才能更好地向学生传授知识，让学生在实践中掌握学习内容。通过计算机模拟演示，复杂难懂的问题也能够变得简单易懂。在平时，教师应该注意收集和尝试适用于本学科的教学软件，对各种教学软件的特点等内容有所熟悉和掌握，以便轻松快捷地在教学过程中找到适合的软件。我们应该积极鼓励教师自己动手设计课件，因为这样的课件更加具有针对性，在计算机辅助教学过程中可以呈现出更好的效果，并且也与教师自身的教学风格相吻合，与实际问题更贴合，教师也能保证教学活动的顺利开展。对于其他教学软件的优点，教师应该多参考和借鉴，以保证在自行设计课件时更加有效率，少走弯路，保证课件设计具有较高的成功率。

四、计算机辅助教学发展趋势

计算机辅助教学在教学活动中所具有的重要性已经不须赘言，当前国家对于这一方面的投入每年都在增加，对其给予很大程度的重视。因此，随着时间的推移，计算机辅助教学在提高教学质量和推进教学改革方面的作用必然会变得更加显著。

具体而言，计算机辅助教学在未来的发展当中应呈现如下趋势。

随着信息技术和互联网技术的不断发展，智能手机和无线网络等已经得以普及，融入我们的工作、生活和学习等各个方面。可以说，如今我们已经时时刻刻处于网络环境之中，这为计算机辅助教学的发展提供了便利的条件和支持。具体而言，在如今这个网络无所不在的环境中，教师可以直接利用互联网信息技术设计和制作符合自己需求的教学课件和相关软件，可以直接在互联网学习平台或者系统之中学习其他优秀教师的授课方法，可以将自己比较优秀的授课视频或者教学课件上传到网络平台上与他人共享，可以利用互联网便捷的沟通技术和其他教师随时随地地交流教学经验，还可以通过互联网沟通平台与学生家长进行及时有效的沟通与交流。学生则可以利用互联网信息技术进行自主探究式学习，或者与他人进行合作学习；可以将自己遇到的问题上传到网络学习平台上和他人进行交流，从而解决问题；可以将自己的学习成果、作品上传到网络上参与相关的评比等。

从当前的计算机辅助教学应用现状和发展情况来看，其智能化特征越来越突出，并且正在向着这一方向持续发展。将人工智能技术应用于计算机辅助教学，可以使教师通过计算机更加准确地把握不同学生的学习习惯、认知程度和个性差异，进而针对这些差异化特征因材施教，根据学生的不同学习需求，量身定制教学内容和深度专项练习，以提高教学效果。除此之外，对于教学内容中的相关问题，智能化的计算机辅助教学系统可以进行详细的解答，可以将学生存在的问题指出并加以解决，还可以对学生进行更具有针对性的评价，使学生能够更加清楚地了解自己的优势和不足，进而更有针对性地进行学习，使自己获得进步。

正所谓“活到老，学到老”，每个人都应该树立终身学习的理念。随着计算机信息技术的迅猛发展，只有通过多种培训和学习，教师才能跟上时代进步的脚步。作为教书育人的主要实施者，教师在计算机辅助教学普遍应用的环境中必须掌握常用的计算机技术。为了帮助教师更好地掌握计算机技术，学校可以根据教学内容对相关技术进行归纳和总结，然后按照难易程度，循序渐进地对教师进行定期培训。通过不断的学习和培训，教师能熟练地掌握各种计算机辅助教学手段，进而提升教学效率和质量，最终推动学生全面发展。

随着信息技术的不断发展，计算机辅助教学在城市学校教育活动中已经得到普及并且获得了较为突出的成就。基于这一应用基础，为了提

升农村教学活动的质量，推动城市和农村教育资源均衡化，必须采取一定的策略、投入适当的资金和人力资源推动计算机辅助教学在农村教育活动中的普及。所谓课程整合，即使计算机辅助教学的应用能够像传统教学活动中黑板和粉笔等的应用一样熟练、自然且恰到好处。为了更好地达到这一目标，教师不仅要熟悉自己负责的这一科目中的主要知识和内容，对科目中的重点和难点要实现足够准确的把握，而且教学目标的设置也要精确合理，还要能够熟练掌握计算机辅助教学技术。在计算机信息技术的支持下，教师和学生之间实现了超越时间和空间的实时互动交流。计算机会成为师生共同学习和发展必要的工具，现代化教学在计算机技术的支持下能够得以实现，计算机的作用和价值也能够得到最大限度的发挥。这是一项需要花费较长时间且任务比较艰巨的工作，随着课程整合程度的不断加深，教师的专业素质会不断得到提升，从而推动教学活动获得越来越好的效果，促进教学质量不断提升。

第三节　计算机辅助教学课件开发与制作

一、计算机辅助教学课件概述

随着信息技术的日益发展，计算机已成为现代人生活中不可或缺的重要工具，其在教育领域的运用也更加普遍。以计算机为主体的教育现代化已成为当下教育手段的一种重要形式，也是现代教育发展的必然趋势。

单从字面上来看，计算机辅助教学是指利用计算机技术来辅助教学、完成教学的一个过程，是提高教学效率和教学质量的一种教学。从形式上来看，计算机辅助教学有着丰富的形式，这就决定了其概念的多样性。总而言之，计算机辅助教学是通过利用计算机的特殊功能来协助教师实现教学目标、促进教学质量提高的一项教学活动。

计算机被视为一种教学媒体，其形式并不固定。教师借助计算机系统功能，向学生传授系统的学习内容，或是作为教学的补充，以教学模拟、游戏等形式向学生提供辅导、操练和实践等。计算机在教学中的运用，丰富了教学内容，改变了传统“黑板＋粉笔”的单调模式，是现代教学的突出特点，有助于开阔学生的视野，使课堂教学变得生动，是教育改革的助推器。这样的教学活动是值得推广的，也具有存在的价值。因而，我们将有计算机参与的教学活动统称为计算机辅助教学。

（一）计算机辅助教学课件的概念与类型

课件是计算机辅助教学的必要组成。网络化的发展加速了教学课件的开发与运用。在当前的教学领域中，各类计算机辅助教学课件不断涌现，但其中具有较高质量的优质课件数量寥寥。为适应现代化教育的需要，开发融合科学性、教育性于一体的课件是顺应教育改革的必然之举，也是值得教育工作者研究的重要课题。

1. 计算机辅助教学课件概念

计算机辅助教学课件是实现计算机辅助教学的具体形式，从这个角度上来说，计算机辅助教学课件可称为教学软件，是教育者根据自己的教学理念，运用现代教育技术，将教学目标、教学步骤、教学模式与策略，乃至教学评价等内容编入计算机程序，以向学生展示，旨在帮助教师更好地完成教学任务，提升教学效果。因此，在一定程度上突出教学目标、反映教学内容、呈现教学结构、把握教学重难点，并体现一定的教学策略是计算机辅助教学课件的基本特征。

作为一种教学软件，计算机辅助教学课件是被人为设定的与教学相关的程序系统。由于人的差异性的存在，课件的内容、形式、质量等也大相径庭，根据课件所包含的知识量，可以分为以下几种。

（1）堂件

堂件是一种简单的课件形式，所含知识量较少。其特点是以某一知识点为教学内容，结合一定的教学策略的教学软件，其作用是化抽象为具体，化单调为生动、形象，旨在帮助学生理解、消化较抽象的教学内容或知识点。堂件的制作一般不复杂，其作用类似于“动态挂图”。

（2）一般课件

相较于堂件而言，一般课件所含知识量较多，通常包含一章或一门

课程的内容。在教学模式的选择上，其也不同于堂件，而是基于软件的特点融合了多种教学模式。该软件系统涉及课程内容、练习、测验、评价、反馈等多种教学活动，该软件不仅是教师的教学辅助工具，也是学生巩固知识的重要辅助手段和途径，学生可在计算机终端自由安排学习。鉴于这类课件所含内容相对较多，需使用多种程序设计技术，因而制作要求较高、制作周期较长，需要投入较多的时间和精力。

（3）系列课件

不同于前两种类型，系列课件涵盖更多的内容。该课件不限于某一课程内容，与所授内容相关的各门课程都可以在系列课件中集中体现；在教学模式上，也可以综合运用多种模式；在课件教学过程中，可以灵活选择不同模式，或将各模式相互融合。作为系统的教学软件，系列课件的形成并不是随意的，其主要由三大模块构成，即教学法模块、课程管理模块、教学管理模块。

课件是存储、传递和处理教学信息的软件，对于学生而言，课件在辅助完成教学任务的同时，也为学生提供了多种便于实践操作的功能。如课件的互动功能，可帮助学生选择适合自己的课件内容，制订学习计划，记录学习情况，进而系统地进行评价。系列课件以其完善的功能、丰富的内容等优势，成为未来计算机辅助教学课件教学的主流形式。

2. 计算机辅助教学课件类型

计算机辅助教学课件可依据不同的分类方式，分为多种类型。其中，以结构划分，可将计算机辅助教学课件分为固定型、随机型、生成型、智能型。

（1）固定型

这一类课件是一种基于设计人员预先设定的程序来进行教学活动的课件形式。其要求设计者全面熟悉课程内容，了解各单元的内容，对各个学科之间的联系有明确的认知，并且可以对各个单元的教学内容呈现与转移实现有效的控制。由于固定型课件所具备的特点，学生在进行学习的时候只能按照设计者的教学程序来完成学习，固定型课件的优势在于其没有复杂的程序设计，简单、易于操作。对于教学内容单元间转移的有效控制，实现的可能性也较大，因而教学效果较好。固定型课件的缺点是严格按照课件实施教学，过于刻板，不能够及时地根据课堂状况以及学生的情况做出调整，这种固定的课件结构不利于激发学生的积极性和主动性，从而影响学生学习兴趣的产生。

（2）随机型

随机型课件的组成主要有两大部分：一是主程序，主要阐述教学目的、教学项目以及学习方法；二是若干个子程序，子程序主要是对各个教学内容以及策略进行呈现。随机型课件的特点是学生可以相对自由地选择主程序所呈现的内容。从这一点上来说，随机型比固定型更具有针对性，因而，其优点也是显而易见的，即给予了学生学习主动权，能够激发学生学习的主动性，可以使教学过程目的性更强。随机型课件虽然有其自身的优势，但其缺点也不容忽视，即教学内容不够丰富，囿于该类型的结构特点，虽然在一定程度上给予了学生选择的权利，但这种选择是在给定的范围内进行的，在程序内容的设定上也并没有结合学生的实际情况，因而算不上真正的因材施教。

（3）生成型

生成型课件是通过运用特定算法和数据结构的方式，根据学生的知识水平，自动生成适合学生的、多样化教学内容的课件结构形式。生成型课件兼具固定型课件以及随机型课件的优点，并在此基础上发展而来。其特点是课件内容不是预先设定的，而是在学生与计算机的交互过程中生成的，即向学生提供的教学信息是基于学生的反馈，符合学生的学习需求，交互的过程是不断进行的，因而生成型课件是一种动态的课件形式，教学内容随着人机互动的深入而不断丰富，灵活多变是该类型课件的特点。生成型课件的优点表现为教学内容更具有针对性，很好地体现了因材施教。学生个体具有差异性，导致其对知识的吸收程度不一样。生成型课件在教学过程中，对于基础较好的学生，能够使其快速掌握教学内容；对于一些成绩相对一般的学生，在学习多次教学单元内容之后，也能够对其所掌握的知识查漏补缺，进而弥补原来知识的不足，有助于其成绩的提升。生成型课件的缺点是程序设计比较复杂，数据的统计与分析较为烦琐，工作量相对较大，编制与算法也都比较复杂。

（4）智能型

智能型是较固定型、随机型、生成型而言更具优势的课件，其特点是融合了人工智能的原理和技术。智能型课件又被称为智能计算机辅助教学系统。这一系统最大的特点是立足于学习者的实际情况，能够根据学习者不断变化的实际情况，生成教学信息，从而使教学过程和教学策略处于不断变化的状态中，以适应学生的特征。智能计算机辅助教学系统中的学生模块主要是记载学生的情况，具体包含学生的知识储备、学习能力、学习情况、学习中遇到的问题以及原因等，这些信息可以为教学决策提供相应的依据，有利于系统对学生所具备的能力和掌握的知识有一个系统的、科学的评估，在此基础上为学生提供相应的补习材料。智能计算机辅助教学系统利用人机界面与学生交互，既能提供学生所需的学习信息，又能获取学生的基本信息，以便为学生提供更为有价值、具有针对性的学习内容。在个别指导模块与学生模块互动的过程中，通过了解学生的学习特点和状态，可以明确他们的基本情况，分析其基本的学习需求，进而从知识库中检索出相应的知识，以一定的提示序列呈现给学生。

（二）计算机辅助教学课件的基本要素与选题

1. 计算机辅助教学课件基本要素

计算机辅助教学课件一般由学习内容、辅助信息、控制信息、档案信息组成。学习信息是课件的主要内容，课件制作的目的在于辅助教学，同时向学生传授更为具体、更加丰富的知识。

（1）学习内容

学习内容是对教学目标的直观反映，偏离教学目标的学习内容的设定是不可取的，在此基础上形成的课件也便失去了课件应有的价值，学习内容是课件必不可少的要素。

（2）辅助信息

辅助信息是为学生更好地学习教学内容而设定的，其包括背景设置、导入新课题所使用的内容。这一要素的作用在于化抽象为具体，使学习内容更为形象、生动，不仅能吸引学生的注意力，还能帮助学生更好地理解教学内容，形成知识间的意义建构。

（3）控制信息

控制信息可简单地理解为管理教学过程的信息要素，其目的在于维持教学的有效性。学生的兴趣是学习有效性的基础，而有效性也需要一定的标准来进行检验。所以，要做好控制信息这一要素，就需要处理好激发学生学习动机以及强化评比等信息。

（4）档案信息

档案信息的作用在于搜集信息，进行教学反馈，以调整和优化教学课件，促进教学目标的进一步达成。因此，档案信息包括学生学习的情况和效果信息。

2. 计算机辅助教学课件选题

虽然计算机辅助教学的实施离不开计算机及现代技术，但其中更值得关注的是课件的选题，它关系到课件开发的方向、目标和内容，影响课件开发的途径和方法，选题的好坏也制约着课件质量水平的高低。

（1）选题的基本步骤

课件是教学的辅助手段，因而，课件的选题首先需要建立在对课程总体把握的基础上，通过调研、考察而得出相应的选题思路。因此，课件选题的基本步骤如下：首先，文献调研和实际考察；其次，提出选题；再次，初步论证；最后，评议和确定课题。教学过程是一个不断变化的过程，因而，对于课件的选题来说，其不是一劳永逸的工作，而是一个不断反馈调整的过程，常常需要反复调研和多次论证。

（2）选题的原则

为了使课件质量更高、价值更大，选题是关键，从提高选题质量入手，需要遵循以下原则。

① 需要性原则

课件的制作是为了更好地完成教学任务，提高教学效果，因而，选题应避免随意性，要符合教学的需要，针对学习者的实际，有的放矢。其既要符合用户的需要，也要满足用户的要求。在现代化教学背景下，各类课件足以让人目不暇接，如搬家式的课件、题海式的课件，虽然符合课件的要求，也是众多课件中较为常见的类型，但其固定化的形

式与内容并不是用户所需要的，只有根据用户需求开发的课件，才是有价值的课件。由此可以认为，用户需求是课件开发的依据，也是保证课件质量的前提，更是衡量课件质量的一项指标。只有以用户需求为基础的选题，才能使课件的开发者目的明确，有效避免对课件的盲目开发。

对于任何一种软件产品，其功能需求是首要的，此外，还包括性能、可靠性、安全性、保密性，乃至成本消耗、开发进度、资源利用、用户接口等需求，这些都是软件开发所必须考虑的内容。课件作为一种教学软件，自然具备软件的属性。同时，计算机辅助教学课件也有其自身的特殊需求，主要表现为教学内容需求和教学方法需求等。对于教学内容需求，可以从两个方面来理解，即“教什么”和“怎么教”。“教什么”是对教学范围和深度的思考，“怎么教”是对教学手段的思考，即确定如何把教学中的知识内容传递给学生。教学内容的确定依赖于教学目标的定位，对教学内容的把握就是为了选择合适的教学方法，使教学内容更好地得以体现。教学方法需求是对如何展开教学过程的思考。教学方法服务于教学效果，方法的选择主要基于不同的学习理论，不同理论指导下的教学方法各具特色。

② 可行性原则

计算机辅助教学课件的选题应遵循可行性原则。可行性不是只停留在理论层面，而是包含了技术、经济及社会效益层面。选题是否具备可行性，首先，应研究使用对象的软硬件环境、教学与培训内容、是否具备实施课件教学的能力，这个能力不仅包括技术上的，还包括经济上的；其次，研究当前支持课件教学的系统，分析现有课件的优势与不足、现有课件的支持环境以及现有课件的用户接口；最后，研究课件所能起到的教育效果，这也是对课件社会效益的衡量。作为辅助教学的课件，其存在的价值在于传授知识，因而其本身就具有一定的社会效益。所以，选题得当是提高社会效益的保证。

③ 针对性原则

作为教学软件的一种形式，课件的开发应始终围绕教学功能，体现其辅助教学的价值。计算机辅助教学课件的选题也应该围绕教学来设定，这就要求课件必须具备很强的针对性，包括是否符合用户的能力、是否解决了教材的重难点问题等。只有面向教学内容及教学对象的选题，才能制作出更加符合用户的条件要求、满足用户需求的优质课件。

④ 科学性原则

科学性是指基于科学的理念与行为准则，符合学科特点和教学规律。计算机辅助教学课件选题的科学性表现在两个方面：一方面是课件内容的科学性，即学科的系统性、严密性、完整性；另一方面是课件符合教学规律，遵循相应的科学理论的指导。

⑤ 创造性原则

计算机辅助教学课件的制作是为了满足用户的需求，达到提高教学效果的目的。不同于传统的课堂教学，计算机辅助教学课件的应用能够丰富教学内容。为使这一优势发挥到极致，在课件选题的过程中，就应该坚持创造性原则。创造性体现在以下几个方面：一是钻研教材所进行的创造性思维；二是教学方案设计的创造性；三是教学方案实施的创造性。

⑥ 艺术性原则

计算机辅助教学课件的开发是人的一项创造性活动，人的主观能动性的存在赋予了课件开发的艺术性。另外，不同的开发者及用户不同，也决定了课件的开发应该不拘泥于一种形式，而应该是多样化的。课件的展示不仅要能体现教学内容，而且还要具备赏心悦目的视觉效果，这能够激发学生的兴趣，对良好的教学效果的达成有着促进作用。这就需要开发者融合多种学科知识，坚持艺术性选题原则，创造性地开发出兼具艺术性和价值性的课件。

（3）选题的内容

选题是计算机辅助教学课件制作的重要环节，直接影响课件的质量。因此，对于开发者来说，要选好题，不仅需要具备基本的计算机操作技术，还需要对用户进行全面的分析与了解，并了解支持课件的软件及硬件环境。对于选题内容而言，需要注意以下几个方面：一是教学内容的确定，包括教学内容的重难点等；二是教学过程的确定，主要是教

学方法与策略的选择；三是有一定危险性或不可重复的内容，以及时间过长的内容；四是重复操作、强化训练的内容。

（三）计算机辅助教学课件的价值与认识误区

1. 计算机辅助教学课件价值

随着现代教育技术的不断发展，网络教育逐渐盛行，计算机辅助教学课件将会在未来的教学过程中发挥越来越重要的作用。

一是在教学过程中存在一些比较抽象的内容，诸如概念、定义等，还存在一些难以呈现的实物，或难以用语言表述清楚的内容，这些内容给学生造成一定的理解障碍，而借助计算机辅助教学课件，能够将这些缺憾与不足，以具体、生动、形象的方式表现出来，更便于学生理解。将计算机辅助教学课件融入课堂教学后，课件就代替了传统的黑板、粉笔等教学工具。课件中包含了教学目标、知识点以及相关的拓展知识等内容，尤其是课堂板书也可以通过课件展示，这些工作都在备课阶段完成，这样可以提高课堂效率，在相同的时间内可以向学生传递更多的知识。从技术与设备上来说，一方面，计算机辅助教学课件是教师智慧的结晶，教师能够将自身所学以优质的课件形式展示出来；另一方面，计算机辅助教学课件能够为学生创设良好的学习情境，无论是从视觉上还是从听觉上，让学生感受到与传统的教学不一样的体验，这可以有效调动学生的积极性和主动性，实现学生思维的发展，有利于提高学生对于知识的理解与掌握。

二是传统的“教师＋书本”的模式，囿于教师水平及书本条条框框的限制，对于知识的传授毕竟有限。而计算机辅助教学课件能够承载较为丰富的信息内容，按照预先设定好的程序进行，能够提高教学效率，在教学时间有限而教学任务繁重的教学现状下，课件成为缓解学时矛盾的有效手段。计算机的出现为人们带来了极大的便利，其强大的内部存储功能，成为信息储存的主要载体。计算机辅助教学课件就是借助计算机的这一优势，根据教学的需要，将不同形式的教学内容，如图片、音频、视频、文字等信息建立多媒体教学素材库，也可将教案、习题、模拟实验、参考文献等列入素材库，然后根据教学的需要，通过快速选取

库存资料，将相关素材直接用于课件的设计，节省了教师备课的时间。在课件内容的安排上，针对学生的能力以及教学的目标，将重难点知识或是抽象的、不易用语言表述清楚的教学内容，通过动画演示、模拟实验等方式展现，给予学生更直观的体验。这样不仅能让教师很好地完成教学任务，让学生透过抽象的概念深刻地领悟概念的本质与规律，还能让学生对该部分内容留下更加深刻的印象。

三是从计算机辅助教学课件的制作来说，课件是由具有丰富教学经验的教师设计制作的，凝聚了教师的智慧和心血。为使课件的质量更优，收到更好的效果反馈，在设计前，教师都会做足准备工作。从这一点上来说，课件对于促使教学内容更加规范有序具有积极作用。在课件制作前，课件开发者对用户的了解必不可少，优秀的课件开发者都会尽可能地了解学生的基本情况，包括了解他们的需求、知识储备、能力水平、兴趣爱好，以及优势与不足等，知己知彼，才能在素材的搜集、教学目标的制定上更有针对性，在此基础上制成的教学课件才更有价值。教育现代化理念的不断深入，对教师的能力提出了多样化的要求，教师不仅需要具备扎实的理论知识，而且需要掌握一定的现代化技术。计算机辅助教学课件在教学中的作用不断凸显，使越来越多的教师意识到掌握课件制作方法的必要性。教学课件在一定程度上促进了教师计算机操作能力和设计能力的提升。对于学生而言，先进的教学技术的引入也激发了他们的自主意识，学习的自觉性也在不断增强。课件便于保存的特点，为他们知识巩固提供了便利。

四是在传统的课堂讲授中，教师需要在讲解的同时不停地进行板书，而课件的功能之一便是免除了教师板书的劳累。课堂上所讲的内容，教师都可以事先存储于课件程序中，上课时点击鼠标即可呈现。不过，这并不表示课件可以完全代替板书，在教学中，板书是必不可少的，需要教师灵活处理。总体而言，计算机辅助教学课件可节省教学过程中一些不必要的板书所耗费的时间，教师可利用这些时间讲解更多的教学信息或是进行教学内容的组织完善，还可以集中精力关注学生的反应，以调整课堂节奏，或是帮助学生归纳所学知识等。

五是课件教学与传统教学最大的不同点在于，传统课堂教学大多为

教师通过“语言+板书”的方式来传授知识。由于声音是转瞬即逝的，因此对于教师在课堂上所讲的内容，只有注意力集中的学生能够接收到，但信息的接收程度并非百分之百，加之其他一些不可避免的因素，学生就可能没听清，也可能根本没注意听，长此以往，知识的欠缺使得学生之间的差距逐渐产生并增大。而板书的方式虽然有助于学生对知识的理解，但黑板的空间是有限的，教师讲解的内容是无限的，简单的板书或是边写边擦的板书也会影响学生对于知识的记忆。而课件是存储于计算机中的软件，便于存储是其特点之一，利用这一优势便可实现课件内容的反复播放，这有助于学生对于知识的巩固，以及查漏补缺。另外，计算机辅助教学课件存储量大，展示的内容具体、形象，有助于学生对于知识的理解和积累。

六是课件便于因材施教。在传统的教学中，教师面向所有学生讲授同样的知识，无法兼顾学生的个体差异性，有的学生能力强，有的学生理解慢，长期如此，学生间的差距便逐渐显现，这也不利于教学目标的达成。计算机辅助教学课件教学的优势便是内容安排灵活，适合不同层次的学生学习，也可以不受时间、空间的限制。学生被赋予了充分的自主权，他们可根据自己的实际情况和需求，针对自己的强势和弱势，自主选择学习内容和学习时间，选择适合自己的学习进度，这样更有利于提高学生的积极性和兴趣，有助于取得更好的教学效果。

2. 计算机辅助教学课件认识误区

计算机辅助教学课件给教学带来了便利，是教学手段进步的体现，但并不代表其可以取代传统的课堂教学。正确认识和对待计算机辅助教学课件，并将其恰当地运用于课堂教学之中，是教学智慧的体现。对计算机辅助教学课件的认识误区，主要表现在以下几个方面。

（1）课件使课堂教学变成了计算机多媒体功能展示

计算机辅助教学课件图文兼备，给人带来视觉上的冲击，更以音视频等多种形式给予人不一样的动态体验，足以吸引学生的注意力。如果一味地追求吸引学生注意力，而不顾教学的实际需要，使课件过于注重形式而忽略内容，这便步入了对课件教学的误区。五花八门的画面固然能够吸引学生的注意力，但学生的注意力多被消耗在华而不实的界面上，学生真正投入与教学相关的内容方面的注意力少之又少，这与课件教学的初衷背道而驰。作者认为，过多的与教学内容无关的附属都是不必要的，计算机辅助教学课件不是摆设，绝不能追求形式上的浮华，它的作用在于为优化教学过程服务。

（2）课件使计算机变成了投影仪

计算机辅助教学课件的出现使教师不用频繁板书，这使课堂教学有了更多的时间。一些教师为节省板书时间，在设计课件时机械地将书上的内容或板书“搬”到计算机里并投影出来。殊不知，这也是课件教学认识上的误区。板书的过程是教师引导学生思维的过程，其作用在于加深学生的印象。一味地通过课件来展示教学内容，看似省时省力，提高了课堂效率，长此以往，缺少了引导学生思考这一环节，势必影响教学效果。

（3）课件一定要体现大信息量

计算机辅助教学课件能够实现知识的延伸，向学生传递更多的与学科内容相关的丰富教学信息是其优势所在。但由此认为课件一定要体现大信息量是对课件教学认识的误区。课件的功能是辅助教学，服务于教学目标，因而不能偏离教学的主题，其主要任务在于突出重难点，而非大而全的知识堆积，缺乏主次的内容安排最终只会影响课件所发挥的作用。因此，在设计课件时，应在突出教学重点的基础上，再考虑扩大信息量。

（4）课件使教师成了放映员和解说员

在计算机辅助教学课件教学的实践中，有的教师将与教学内容相关的信息都列入课件，在上课时，通过点击鼠标将课件内容展示给学生；有的教师图省事，甚至一节课都忙于操作课件，对于知识的讲解也只是照本宣科……教师只是充当课件的放映员和解说员角色，这是对课件教学认识的又一误区。理想的教学过程是多边互动的过程，离不开教师与学生的交流，课件教学尤为如此。为防止教学活动陷入机械化的模式，教师应给予学生足够的人文关怀，应注重师生的互动与交流。否则，计算机辅助教学课件教学将变成“灌输式”教学，不利于学生积极性和主动性的发挥，也会影响课件教学的最终效果。

二、计算机辅助教学课件开发

计算机辅助教学能否顺利开展，以及教学效果的好坏，在一定程度上与课件质量的优劣相关。因此，计算机辅助教学课件必须从开发上把好关。计算机辅助教学课件是服务于教学活动的软件，其不仅可以作为教学素材的载体，还能够创设一种支持自主学习的情境。计算机辅助教学课件兼具教学与软件的特性，这是课件的重要特征。这就要求我们在进行课件设计时要充分考虑其特性，一方面，以教育理论为指导，以培养学生的综合能力为目标进行课件的设计；另一方面，按照软件工程的方法组织、管理课件。

具体而言，计算机辅助教学课件的开发需要处理好 4 种关系。其一，教师与学生的关系。课件是不同于传统教学模式的教学新形式，课件的开发也应该摆脱陈旧的以教师为主体的思想，遵循“以生为本”的设计理念，明确教学活动应以学生为中心。在课件各环节的设计中，将学生的需求置于首位，为学生自主性的发挥创设情境。其二，学习内容与学习时间的关系。网络的发展带来了信息资源的空前繁盛，为丰富学生知识、开阔学生视野创造了条件。但课堂时间毕竟有限，要在有限的时间内让学生获取有价值的知识信息，就需要课件开发者高屋建瓴，有效处理学习内容与学习时间之间的关系，使课件所展示的内容具有高度的相关性和针对性。其三，自主学习与学生能力的关系。现代教育理念鼓励学生自主学习，计算机辅助教学课件开发在为学生创设自主学习环境时，需要考虑学生的能力，不仅包括其知识能力，还应该兼顾学生计算机操作能力，让不同的学生都能够进行自主学习。其四，人与人、人与机的关系。课件教学使计算机代替了大部分的人力，机器与人的最大不同便在于机器缺乏感情，计算机辅助教学课件的开发要以学生为中心，要避免教学过程的机械化，要多考虑教师、学生之间的沟通，使学生能够通过计算机平台与教师进行交流，使教师通过计算机对学生信息的反馈，了解学生的实际情况，实现对学生的答疑、辅导、评价。

计算机辅助教学课件开发和设计是对课件内容及所要达到效果的规划，包括课件内容和呈现方式、教学理论和教学方法、课件目的、教学对象和运行环境等。为了促进学生的知识能力提高和素质提升，我们需要开发计算机辅助教学课件，这是计算机辅助教学的必要条件，是提高课件质量的保障，也是计算机辅助教学得以顺利开展的基础，其目的是确保所开发的计算机辅助教学课件符合教学的要求，满足教学的需要，课件要具有科学性、教学性、程序性、艺术性等特征。

计算机辅助教学课件开发的关键在于设计，因此必须以先进的教学理念为指导。课件兼具教学与软件的特性，而教学是首要的，因此，课件设计必须将教学设计放在首位，确保教学的目标和方向。教学内容是与教学有关的信息，课件展示的内容与方式必须符合教学媒体使用的规律和信息传播理论，教学内容的选择以及难易程度应该符合学生的需求，符合学生的认知规律。此外，计算机辅助教学课件作为软件，还需要考虑计算机软件运行的程序与规范，了解计算机内存使用情况，确保课件运行的稳定性和可靠性。运行的速度、界面和可操作性是课件设计需要考虑的基本内容。运行的速度取决于课件所占用空间的大小、计算机的性能等客观因素，课件开发者对运行速度的优化，需要从课件占用空间大小上去控制；界面是课件给人的直观体验，开发者需要保证界面的整洁、美观，信息存储完整；艺术性是对课件界面及其内容的艺术加工，主要是对课件内容与形式的安排，重在从视听上给人以艺术体验，如画面的布局、背景、文字颜色等。

计算机辅助教学课件开发是课件制作的准备阶段，设计的效果直接影响后续的制作质量。开发准备阶段一般包含两个环节：一是需要梳理知识，搜集素材；二是对素材进行整合。素材并不限于文字内容，只要符合教学需要、与教学内容相关的信息都可以作为素材。计算机辅助教学课件是为实现既定教学目标开发的，因而从其质量与教学效果来考虑，课件的开发需要符合一定的教学要求。

首先，教学是让学生获得学习经验与知识的过程，是促进学生发展的重要手段。因此，作为教学辅助手段，计算机辅助教学课件在开发中应兼具科学性要求。其表现在以下两点：一是语言的科学性，主要是针对概念的描述准确、规范，课件内容适宜、科学，所表述的内容准确无误；二是所用素材准确的科学性。

其次，计算机辅助教学课件的开发必须具有意义，能够对学生起到教学和引导的作用。课件的教育性要求可以从以下几个方面体现。

直观性：课件所呈现的内容要具体、直接，避免过于抽象或过于复杂，要便于学生对于知识的理解。

趣味性：课件的设计应避免枯燥，通过趣味性的设计以激发学生的兴趣，调动学生的积极性和主动性。

新颖性：课件的设计应跳出思维定式，敢于创新，素材的添置及内容的安排也应避免陈旧，要新颖、独特，这样才能吸引学生更多的注意力。

启发性：启发性是课件的重要特征之一，具有启发性的课件才具有教育价值，课件设计应突出教学策略的引导性，使学生充分发挥主观能动性，从而有效获取知识。

针对性：课件的核心价值在于以学生为中心，提高学生的能力与素养，促进学生对知识的掌握，并且坚持学生的主体地位，课件对于学生而言要有针对性。

最后，技术性是基于软件属性的要求，技术性要求可从以下几个方面来体现。

交互性：交互性是计算机多媒体的基本特征，计算机辅助教学课件开发应充分挖掘多媒体软件的这一属性，最大限度地发挥其交互功能，实现课件的价值。

稳定性：稳定性是指计算机辅助教学课件应满足教学的需要，避免教学过程的失误，稳定性要求课件的开发要科学严谨，投入使用的课件须进行严格的检验与调试，从而保证课件教学的顺利进行。

易操作性：对于用户而言，其应具有一定的计算机基础知识与软件操作能力，而人具有差异性，能力水平参差不齐。如果计算机辅助教学课件的开发过程过于烦琐，不仅提高了用户门槛，而且也对有限的课堂教学造成困扰，用户将时间过多地用于软件操作上，违背了操作简便、快捷的要求。

合理性：从技术层面来说，合理性是对软件类型选择的要求，类型的选择应该根据具体计算机辅助教学课件而定，包括教学内容、需要呈现的方式等。

众所周知，在计算机科学领域中，人工智能属于最具有挑战性、最具有创造价值的领域。人工智能技术随着科技的进步也获得了不断发展，计算机在教学中也得到了广泛的应用。自20世纪70年代开始，学者们研发了专家系统，该系统具备一定的教学能力。人工智能技术的发展使得人们在计算机辅助教学中引入了知识表达和问题解答技术，这促进了计算机辅助教学课件的开发与发展。凭借多年的技术发展与进步，人工智能技术不断创新并有效地应用于教学领域，在推动我国现代化教学的进程中起到了重要的作用。人工智能在计算机科学中属于非常重要的研究分支，是综合性的分析——涉及使用计算机模拟技术与开发人类大脑功能。对于人工智能而言，其精确定位是具备人类行为与知识储备的计算机系统，并且其具备判断问题的能力、学习解决问题的能力、理解人类语言并进行记忆的能力。人工智能技术的运行过程主要是通过对人面临各种问题的应激反应、问题推断与处理解决、问题判断与学习以及问题决策等一系列基本步骤进行划分，然后利用计算机程序设计，对这些步骤进行公式化和模块化，使计算机能够具备结构化的方法来处理更为复杂的人类问题，同时不改变问题的本质意义。人工智能体系就是这样一套结构化的软件系统，可以有效地解决和应对各种问题。随着计算机技术在教育领域充分应用，它已逐渐演变为一种新型教学技术。计算机辅助教学是运用计算机当作教学媒介在教育教学中发挥作用的一种方法，它具备实时呈现教学信息、多样化的教学方式和适用范围广泛等优点。计算机辅助教学相较于其他教学媒体而言，其可以根据学生个别差异获取教学程度分析数据，教师可以借此来选取更合适的教学素材和方法，实现对学生学习要求的满足和对学生学习特点的顺应。

多媒体科技的运用，是计算机辅助教学的主要技术之一，利用声音、图像、文字等元素的结合，教师可以以多种方式呈现同一教学内容，使学生更易于理解和接受。此外，计算机辅助教学还具有快速、高效的数据处理能力，能够帮助教师快速了解学生的学习情况，并进行精准的数

据分析与课堂评价。人工智能和计算机智能是智能技术的两种形式。通过采用人工智能技术，可以促进人类智慧的转化，并且进一步推进新型计算机智能的发展。在教学中通过应用计算机智能进行辅助，可以将计算机的智能转化为人工智能，从而实现技术的进一步发展。人工智能技术能够将各种知识进行精细化处理和表达。在知识点的推理中运用计算机智能，可以实现智能化和自动化处理，这就是所谓的“知识工程”。计算机辅助教学是知识体系中必不可少的内容，而人工智能技术在计算机辅助教学中得到了很好的利用。为了在计算机辅助教学中实现个性化教学，我们需要广泛应用人工智能技术。通过引入人工智能技术，计算机辅助教学课件系统得到了进一步完善，主要分为学生模型、自然语言衔接和教学决议 3 个领域。此外，该系统广泛应用于教学辅助和模拟训练等多个领域，并突显了计算机辅助教学所具备的交互性特点。如图 3-3-1 所示，展示了人工智能技术与计算机辅助教学之间的关联。

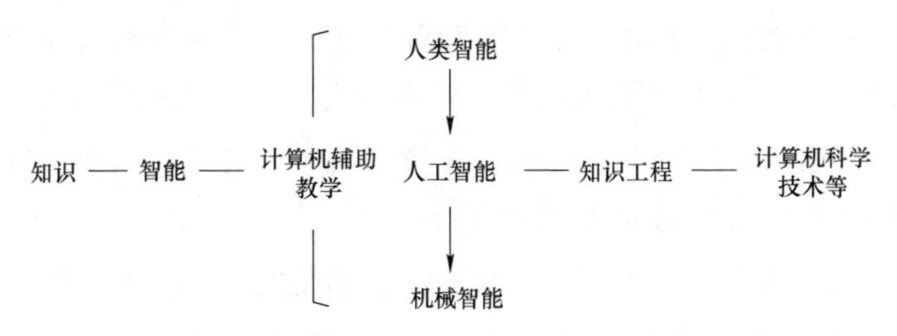

图 3-3-1　人工智能技术与计算机辅助教学之间的关联

目前，大多数计算机辅助教学课件的主要载体为 U 盘、云系统等信息载体，主要是将多媒体技术用于呈现教材的知识内容。教师通常根据预先准备好的内容按照一定的步骤进行机械式的知识传授，这种教学相对较为被动。在这样的课堂教学中，很难对既有的教学流程进行调整，导致教师和学生都难以积极、主动地参与到教学互动中。因此，很难实现人机交互的功能，也就无法在探讨教学内容的时候采用与机器交流的方式来完成，也无法对教学计划进行合理、科学的制订，无法对教学效果进行科学的评估等。

目前教学中所使用的计算机辅助课件仅支持学生单向学习，没有提供适当的反馈和监督机制，导致教师难以了解学生的学习情况和完成度。在缺乏监督的情况下，学生可能会通过简单拖拽或者浏览等方式草草应付自主学习。学生面临困难时，如果不能及时向教师寻求帮助，问题会得不到解决，进而影响学习效率和对知识的理解。这种情况下，教师和学生之间的联系会变得较为疏远，二者之间是相互分割的。软件系统在这种情况下所产生的积极作用将大幅减弱。同时，由于网络技术的不足，目前大多数计算机辅助教学课件只能在单机环境下使用。在此背景下，计算机辅助教学就无法充分利用网络的优势来实现知识库的快速更新，也无法提供实时互动功能，这不利于远程教学，也对师生间的交流产生了不便。当前，人工智能技术迅猛发展，但由于起步较晚，目前的辅助教学系统还存在很多不足之处，主要偏向于单项，无法根据学生的实际学习状况进行个性化教学。这要求人们须更加深入地处理相关信息、符号和问题等，以提高人工智能的信息输入能力和信息输出能力，进一步提高人工智能的符号识别和处理能力。这里主要涉及电脑系统框架设计和编程的相关问题，并且需要对计算机辅助教学的具体内容进行确定。政府应该推出一系列政策，实现对人工智能技术的开发、保护、支持，其中包括通过宏观调控来逐步降低税率，同时还需要支持技术研发，提供相应的经济政策补助和支持。

计算机辅助教学课件开发在使用人工智能技术的时候，可以采用以下方法和策略。

（1）目前来说，人工智能技术主要被用于人机交互、语音识别、图像识别、定义证明等方面。但是在实际的教学活动中，存在的普遍问题如下：在运用人工智能技术方面，教师的能力不足，使用频率不高，并且教师也没有丰富的实际操作经验和运用经验。鉴于此，应该针对教师进行专门的和全面的能力强化和提升，并且也要提升人工智能技术的水平。比如，可以提升电脑的图像识别能力，以提高教师对作业和试卷的批改效率。同时，在人机交互技术上实现进步，以实现在线互动答疑，这对于教育教学而言非常重要，因此需要更加努力地推进，以实现技术上的创新。

（2）要根据学生的不同特点进行针对性、个性化教学，因材施教。

在教育教学中，因材施教是最重要的方法之一，教师可以在教学的过程中，立足于学生的现有知识水平，根据学生的学习能力与学习方式，选择有针对性的教学方法，以此来满足不同学生的需求，进行有针对性的教学。尽管这种教学方法在实践中的效果很好，但在当前应试教育的背景下，要付诸实践却面临巨大的困难。将人工智能技术与因材施教方法相结合，可以极大地增强因材施教的可行性。因此，实现个性化的教学有两种可行途径。第一种是建立知识图册，在此基础上建立知识架构。我们要对教学内容进行充分的分析，对教学模型、学生模型、课件内容模型进行优化和更新，在此基础上创建知识图册。在知识图册中，我们对每个重难点问题标注了相应的信息标签，比如难度系数、学习方式和学习时长等，以帮助学生更轻松地学习并精准了解自己的学习情况。第二种是创建一个适应平台，以实现智能学习数据的推荐。利用计算机技术分析教育数据，包括分析和研判学生学习、学生作业和测评环境、师生互动环节等，选取最匹配的教学策略和内容来提高学生的学习效果，保证对学生学习需求的满足，这就是人工智能技术在教育领域的应用。

（3）运用数据分析技术，进一步完善教学资源配置和利用。将所有的数据运用人工智能技术输入计算机系统，随后进行深入的数据分析。可将学生的作业及试卷数字化，将信息转化为计算机能够处理的数据格式，并将其存储下来，以建立个性化的教学资源。在对教学过程进行全面追踪和分析的时候，可以借助大数据技术，对教师的教学和学生的学习过程进行关注，以此获取他们在课堂内外行为表现的数字化记录，便于对教育教学进行评价。使用并选择经过筛选的高质量的教育教学资源，可以帮助开发出适应性强的教学平台。教师在开发自适应教学平台时，需要充分利用可靠的教学数据。这些数据来源一方面是学生作业或测评结果，另一方面是与学习密切相关的信息数据，比如学生的学习规律、学习速度、学习策略、学习内容、学习习惯等。数据之间的联系是复杂的，因此自然情况下它们并不呈现结构化形式。适应教学平台拥有大量学习数据，能够分析学生的学习问题，并在此基础上为学生提供有针对性和个性化的学习资源，这些资源会定期发送给平台使用者。

目前，在教育教学领域，人工智能技术的研究和应用已经取得了一些成就。例如，我们可以利用在线学习平台，如学习通、钉钉等，实现在线自动批改作业、阅卷、共享教学资源以及统计和分析后台数据等功能。尽管目前人工智能技术的应用主要集中在学习辅助方面，但随着时间的推移，计算机辅助教学课件利用人工智能技术的程度将会不断加深，这种融合将为现代化教学带来全新的动力和活力。随着人工智能技术的不断进步和日益成熟，智能化计算机辅助教学将在教育教学中发挥日益重要的作用。计算机拥有自主处理事务、实现人机交互和强大数据分析的能力，并且还可以实现现实通信，这将推动教学质量的提高、优化学习理念和完善学习方式，也会深刻影响现代教育的不断发展。

三、计算机辅助教学课件制作

计算机辅助教学是一种现代教育技术，诞生于 20 世纪 90 年代。它将文字、图像、视觉元素、视频、动画和音频等媒体对象整合在一起，通过计算机进行综合处理和控制，实现信息的传递。计算机辅助教学可以在教学中以丰富多彩的形式呈现教学信息，比如图像、文本和音频等。并且在交互方式上，还能为学生提供生动、友好、多样化的方式。近年来，计算机辅助教学的优势得到了广泛认可，但不同的学校有着不同的教学环境和教学要求，很多通用的计算机辅助教学课件并不能完全满足各个学校的教学需求。因此，教师需要具备制作与本地教学要求和教学环境相符的计算机辅助教学课件的能力。

第一，分析和研究计算机辅助教学课件的需求，也就是需求分析。在这里，需求分析指的是教师通过分析需要明确自己所制作的课件所应具备的功能、预期效果和制作流程，并编写出相关的需求说明。在制作计算机辅助教学课件时，需求说明是必不可少的，这是基础和依据，使用时必须准确地遵照需求说明的要求进行操作。有很多的教师常常没有认识到这个问题，所以没有制作出理想的课件。

第二，收集制作计算机辅助教学课件所需的素材。素材是指用于制作课件的各种文本、图像、声音、动画、视频等资源的总称。收集素材是一项耗时的任务，要想创造出高质量的课件，就需要对素材进行精心的选择与制作。不同的采集方法适用于不同种类的素材。

（1）采集图形、图像。采集图形、图像的主要方法如下：一是扫描或数码成像，即用扫描仪或数码相机处理照片或者图片，以位图格式加以保存；二是使用各种方法捕获当前屏幕上指定区域的图像，并将其以图形方式保存下来，虽然有多种捕获方法可供选择，但使用专门的截图软件（如极智截图软件）效果最佳；三是制作图像，主要通过各种绘图软件来实现。

（2）采集音频文件。获取音频文件的途径有许多，比如使用专业的音频处理工具创造出独具特色的音频文件。

（3）采集动画及视频文件。目前市面上提供动画制作的软件非常丰富，常见的包括 Flash、Gif Movie、3D Max 等软件。采集视频文件通常使用如数码摄像机设备和视频捕获软件来完成。

（4）采集文本。制作文本可以使用文字处理软件或多媒体编辑工具。为了增强文字的美观程度和艺术效果，我们可以采用如 Photoshop 等专业的图像处理软件进行编辑和处理。

第三，计算机辅助教学课件制作软件的选择应该恰当，并且在进行选择的时候应该注重以下几个方面的功能。

（1）编辑环境：计算机辅助教学制作软件可以通过循环、条件分支、数字计算、逻辑操作等功能来掌控多种媒体信息的流程，实现对多种媒体信息流程的控制，并且其控制能力还包括编辑多种媒体信息、控制时间、调试和实现动态输入输出等操作。

（2）超媒体链接：指从一个静态对象激活一个动作或跳转到一个数据的能力。这类数据对象有音频和动画等基于时间的数据类型。

（3）媒体数据输入：它支持多种文件类型的接收和处理，包括图像、音频、动画等文件。

（4）动画功能：一方面可以对由动画制作软件生成的动画进行播放，另一方面还能自动生成一些简单的动画以及一些如旋转、平滑移动等特技效果。

（5）应用链接：能够将用户自己创作的多媒体应用软件和外部的应用程序进行连接，达到不同层次、不同程度的关联效果。

（6）用户界面处理：应用软件设计者可以通过用户界面处理来实现

屏幕的组合以及对多媒体的调配，在屏幕上，这些要素的变化都可以立即显现出来。

目前，可以用于制作计算机辅助教学课件的软件包括国内的课件大师、深蓝易思以及 Authorware 等。在我国的教育软件开发领域，Authorware 多媒体创作系统是非常流行的软件，它具有强大的功能，因此广受各位教师的欢迎，被视为计算机辅助教学课件制作的最佳选择。

第四，合理布局计算机辅助教学课件制作的文件组织结构。文件的组织结构的设置在制作计算机辅助教学课件时至关重要。制作者在创作计算机辅助教学课件时，需要对课件所需要的文件进行合理的安排与布局，对文件夹的层次结构进行合理设计，建立多个文件夹用于存放不同类型的文件，将同类型的文件归纳在同一文件夹中。为了更好地组织素材和运行程序，应该将视频、图像、音频和主程序等不同类型的文件放入各自的文件夹中，以便进行有效管理。一般来说，对于文件夹和文件的名称也最好使用具有一定意义的英文名称，少用或者不用中文名称。

第四节　计算机辅助教学模式

在信息化社会背景下，以计算机为代表的多媒体不断运用于教学中。计算机多媒体是通过计算机操作技术向计算机输入指令，借助鼠标、键盘等输出文字、图片、音视频等供人使用的一种形式，人机互动是其最显著的特色。利用计算机产生的包括声音、文字、动画和视频等元素的多媒体课件来辅助教学活动，这便是计算机辅助教学。这一教学模式的优势如下：一是节省师生时间，通过课件展示，省去了教师不必要的课堂板书，也省去了学生在课堂上记笔记，基于多媒体课件人机互动的特点，学生能够有效参与课堂练习和实践；二是在计算机辅助教学中，基于教学课件的展示，呈现内容丰富、生动的教学内容，有效吸引了学生的注意力，激发了学生的学习热情，在交互学习中，有助于实现知识的个性化建构。计算机辅助教学模式已成为当代学校教育使用较为广泛的一种教学模式，对该模式的研究具有重要意义。

一、计算机辅助教学模式的特点与类型

（一）计算机辅助教学模式的特点

在传统的教学过程中，计算机辅助教学模式是指借助计算机多媒体的相关功能为教学服务的一种教学模式，能够为教学提供人机互动的交互环境，是一种相对有进步意义的教学形式。计算机辅助教学模式是对传统教学模式的改革，是一种新型的多媒体教学手段，能够在一定程度上弥补传统教学模式中的不足，其特点主要体现在以下几个方面。

1. 学生获取知识范围的延伸

在传统教学模式下，一方面，受传统教学思想的影响，教师以知识传授为主，所传授的知识也仅限于书本知识，与教学内容相关的其他学科知识则涉及较少，学生因此认为只要掌握书本知识即可，很少主动涉猎其他知识；另一方面，受条件的限制，学生获取知识的途径有限，主要通过教师讲授或是从书本或学习资料中获得。

计算机辅助教学模式作为一种新型的教学模式，在强调知识的同时，能力培养也被提升到重要位置。计算机辅助教学模式的核心在于培养学生自主学习的能力，是一种以学生为中心的教学模式。在这一教学模式的引导下，教师、教材不再是学生获取知识的主要途径。计算机的网络化为学生获取丰富知识提供了便利条件。通过课件、光盘和网络学习，学生视野得以开阔，学习积极性不断提升。与传统教学模式中以教师讲授为主相比，计算机辅助教学模式摒弃了对知识的灌输，转而强调对学生能力的培养，即突出培养学生分析和解决问题的综合能力、思维能力与创新能力。此外，在信息化社会，知识更新速度快，教师和学生都需要不断学习，终身教育将成为教育发展的趋势。

2. 学生学习方式的转变

在传统教学模式中，课堂教学以教师讲、学生听为主，这是一种典型的知识灌输与被动学习的过程，不利于学生能动性和积极性的发挥。而计算机辅助教学模式突破了传统教学模式的弊端，在教学过程中重视学生的个性差异，强调以学生为中心的教学活动。

计算机辅助教学模式为学生提供了便于交流互动的良好环境，不仅丰富了教学内容，改变了传统课堂教学的沉闷与单调，多种形式的交互还使教学活动变得生动、富有活力，也使学生的能动性与学习热情得以激发。此外。计算机辅助教学模式赋予了学生更多的自主性，借助网络资源共享的优势，除了正常的课堂教学，在课外教师也可共享更多的教学资源供学生参考、学习，学生能够根据自身兴趣、特长、能力等自主选择学习内容，灵活安排学习时间与控制学习进度，还可以通过网络交流平台，与教师或其他学生分享学习心得，或寻求帮助等，从而实现能力的提升，这些都可以在计算机辅助教学模式下完成。与传统教学模式中学生在学习过程中处于被动状态相比，计算机辅助教学模式激发了学生学习的积极性，使学习变成学生主动的行为。

3. 教师教学职能的转变

传统教学模式导致教师教学因循守旧，按部就班地对学生进行机械式知识传授。计算机辅助教学模式在教学中的应用，不仅丰富了教学手段，解放了教师的双手，也改变了教师的教学思想，使教师职能在一定程度上发生变化。当前教师的职能不仅仅是教授书本知识，使学生掌握知识，理解、消化知识，并能够灵活地对所学知识加以利用，还要真正体现教育过程中的教书育人的理念。知识的传授固然重要，而教会学生如何学习、如何获取知识更重要。培养学生自主学习能力、探究能力，是教师职能的又一体现。计算机技术与教学的结合，对教师的能力也提出了更高的要求，教师不仅要具有专业的学科知识、教学能力，还要熟练掌握计算机技术、软件制作技术等，更重要的是要具备对教学信息加工处理的能力，使之与计算机辅助教学模式完美融合，为学生自主学习、合作研究创造良好的条件。

（二）计算机辅助教学模式的类型

针对计算机辅助教学模式所具备的多种形式，可以从不同的方面和角度划分为不同的类型。从载体的角度来看，计算机辅助教学模式有两种类型——有软件和无软件计算机辅助教学模式；从教学方法的角度来看，有问答模式、探究模式、交互模式；从教学服务对象的角度来看，

有以教为主的计算机辅助教学模式和以学为主的计算机辅助教学模式。本书就教学服务对象的不同所划分的教学模式展开阐述。

1. 以教为主的计算机辅助教学模式

以教为主的计算机辅助教学模式主要包含以下两种类型。

（1）演示型教学模式

演示型教学模式，即教师借助计算机设备与技术，将教学目标、教学内容、教学重难点、教学方法等主要信息，通过多媒体等形式直观地呈现给学生，学生通过观看教师的一系列操作，配合教师完成既定的教学任务。

教师在这种教学方式下的职责在于选择和利用多种多媒体形式，以及对教学内容的组织，以发挥出计算机辅助教学模式的最大作用，这也是当前使用较为广泛的一种模式。其优势在于增加课堂教学的密度，向学生所呈现的教学内容生动、形象、丰富且多样化，能给予学生强烈的视听觉冲击，从而获得较好的学习效果。

（2）练习型教学模式

练习的过程既是知识应用的过程，又是对学生的学习效果进行检验的过程。练习型教学模式是指在备课时，针对重点和难点，教师有针对性地设计代表性的练习软件，然后通过计算机将这些练习呈现给学生，让学生进行作答，以帮助学生掌握教学重难点。在这一过程中，教师能够全面了解学生的答题情况，进而通过答题的正确与否，综合判断学生对知识的掌握程度，分析学生存在的问题和不足，并有重点地对出现的错误进行分析、讲解，让学生发现其学习的不足之处，进而改正和完善。

要想使练习型教学模式发挥作用，教师不仅需要具备较强的专业知识、科学的教育理论，还应该提升其他能力。首先，教师应提升其计算机操作能力。在现代化社会背景下，信息技术已成为人们应该掌握的必备技能，教育的信息化不仅需要教师了解计算机相关知识，而且应该具备基本的计算机操作能力，这是实施计算机辅助教学模式的前提。其次，教师还需要具备相关教育软件的操作技能，并深刻理解教学的重点、要点和难点，学生的学习瓶颈和学习盲区，以及学生的基本情况，有针对性、有目的性地设计相应的课件，而不是花费时间、精力设计华而不实的课件，只有这样才能真正发挥计算机辅助教学的作用。

2. 以学为主的计算机辅助教学模式

提到计算机辅助教学，大部分人都会下意识地从“教”的视角出发，看其是如何协助教师完成教学任务的。殊不知，计算机辅助教学在“学”的方面也起着很大的作用。计算机辅助教学对于学生的“学”来说，其价值更为突出，毕竟教学的过程是以学生为中心的，学生才是教学的主体。在学生“学”的过程中，计算机充当着学生获取课程内容和资源的工具，师生或同学之间可以利用网络教学平台、电子邮件、教学论坛等途径，实现资源共享和学习交流。学生要想了解自己对于知识的掌握程度，可以借助自我评测平台进行自我检验。以学为主的计算机辅助教学模式有以下几种。

（1）探索式学习模式

网络技术的发展丰富了信息化资源的内容，也为学生获取知识提供了便利。网络已成为现代人生活中不可或缺的一种工具，成了学生获取各类资源的途径。网络的普及缩短了人与人之间的距离，人们通过计算机网络能够实现不受时空、地域限制的交流与沟通，这也为学生自主学习创造了条件，让探索式学习成为可能。

在这种模式中，学生能够针对其所学的某一知识点或问题，通过检索、查阅相关的网络资源，展开问题探索；或是在教师、网友的帮助下，与他们一起讨论并通过分析、归纳，得出结论。因此，在信息化快速发展的今天，寻求问题解决方法也是学生必须学会的一种基本技能。

（2）合作式学习模式

以学为主的计算机辅助教学模式要发挥最大的作用，离不开师生间的配合，也离不开学生间的合作。合作式学习模式就是基于网络共享资源，培养学生的合作意识，教会学生在网络环境中发挥网络共享资源的优势，通过合作去解决问题的一种学习模式。

在实施计算机辅助教学模式的过程中，首先，教师应充分调动学生的合作意识，培养学生的合作学习能力。教师可以根据学生的学习水平，将其分为若干小组，通过合理地分组，让学生在合作学习的氛围中养成自主学习的习惯。其次，为保证合作的顺利进行，教师还应该引入科学

的分工机制，让学生间的合作变得有序且有目的。此外，在合作过程中，为了保证学生间可以顺利进行交流与协商，学生应该使用多种计算机沟通方式。最后，通过过程监控策略，提高学生小组内的共学互助效率。例如，根据组员的表现对小组成绩采用小组成员中的最高分和最低分平均计算的方法，督促小组学生之间相互帮助，以达到共同提高的目的。

（3）角色扮演式学习模式

计算机辅助教学模式能够根据教学的需要，为学生提供相应的教学情境，角色扮演便是其中一种形式。这种学习模式类似于网络游戏中的各种虚拟角色，即不同角色的设定，带有不同的任务。角色扮演便是让学生在现实与虚拟之间建立一种关系，这种关系由虚拟的角色支撑，学生根据学习的需要或是兴趣，自主选择喜欢的角色，同时完成角色所承担的任务。

在这种模式中，教师首先根据教学的需要，设定合适的情境与角色，供学生参与；然后将参与者分成若干小组，每个小组成员扮演不同的角色，并完成相应的角色任务。这一过程可采取小组竞争的形式，让组与组、人与人之间在网络化虚拟空间情境中，通过交互的形式完成角色扮演的任务。教师既可以在旁指导，也可以参与其中，通过扮演具体角色，对学生进行相应的指导。这种模式能够拉近师生距离，激发学生参与的热情与积极性。

（4）考核式学习模式

通过考核能够比较直观地反映学生对知识的掌握情况。考核式学习模式主要是教师根据教学实际情况以及学生的情况，将重难点知识，或是其他需要学生了解的知识进行汇总，然后编成考试软件，借助计算机设备呈现给学生，让学生在线上作答，在考核结束时，学生点击提交即可。

这种形式的考核与传统纸质考核最大的不同之处表现在阅卷方式上，通过智能阅卷，学生可以即时得知考核的结果。系统还能够对学生的答题情况进行分析，指出错误的原因，并进行相应知识点的补充，对于学生而言，能起到查漏补缺的作用。

使用这种学习模式，前期工作烦琐，但其价值是显而易见的。一方面，利用计算机智能化系统，能够降低人为评判的失误率，并实现对考核结果的及时反馈，使学生明确学习中的问题与不足，便于在改正过程中巩固知识，提升成绩。另一方面，这实现了教学反馈、评价的科学化、数字化。

总而言之，网络信息技术的发展打破了传统的教学模式，同时也改变了传统的师生关系。教师和学生在计算机辅助教学模式所建立的交互情境中有了更多交流，师生距离得以拉近，关系不断改善。教师不再是严肃的形象，而是能够和学生像朋友一样平等相处。师生关系的改善对于学生学习水平的提高和人际交往能力的提升都有很大的促进作用。学生能和教师以平和的心态讨论、交流，从而融入集体更好地学习和生活。

二、计算机辅助教学模式的优势与不足

（一）计算机辅助教学模式的优势

在教学过程中，计算机辅助教学是在教学和教学管理的各个方面运用计算机技术，以最大化发挥计算机的优势，提升教学效率和质量的一种创新型教学模式。计算机辅助教学模式的运用，在技术上，不仅是对信息技术、多媒体技术、网络技术的集中体现，也是对教育方法和教育技术的改革与更新；在内容上，更是赋予了教育以新的内容与概念，是对教师专业知识与能力的综合反映，推动了教育的变革。计算机辅助教学模式的推广与运用，将有利于变被动教育为主动教育、变应试教育为素质教育，并且还会对教学结构、教学管理、教学体制等有深入的影响，促进教学的不断改革，保证教育朝着现代化方向迈进。但任何事物都具有双面性，计算机辅助教学模式也是如此，若处理不当，会对教学产生不利的影响。

计算机辅助教学模式是在计算机技术的优势基础上服务于教学的一种新型教学形式。其能够迅速地在教育领域中占有一席之地，必有其绝对的优势。与传统课堂教学模式相比，计算机辅助教学模式的优势主要体现在以下几个方面。

1. 有利于对学生实施个性化教学

计算机辅助教学模式为学生提供了人机交互的环境，学生能够在客

户端实现自主学习。这种自主学习不同于集体学习模式，是基于学生个体差异的存在，让学生可以在计算机辅助教学模式下拥有充分的自主选择权，学生可以立足于自身的学习能力、学习进度和各方面需求，自主选择合适的学习方式和内容，抑或学习时间等，对知识的广度和深度进行自主掌控。如对于理解快、掌握好的学生，可加强学习内容的深入教学，逐步加大学习难度，使其能力得到不断提升；而对于各方面能力稍差的学生，则重在基础知识的学习，以知识的巩固为主，针对其所欠缺的方面，要促使其反复学习和练习，直至掌握。通过这种方式，能够实现个性化教学，这是传统的课堂教学模式可望而不可即之处，通过计算机辅助教学模式让理想变为现实，真正实现了因人施教、因材施教。

2. 及时反馈教学信息

计算机具备一定的智能化功能，这种模式能够及时反馈各种教学信息。通过计算机辅助教学模式，教师可以实时掌握学生的学习情况，包括学习时间、学习进度、学习内容、答题情况等，通过系统分析，将学生的学习状态、知识点的掌握情况等信息反馈给学生，便于学生了解自己对于知识的掌握程度，进而根据自身情况调整学习内容或进度，选择继续学习新的内容还是查漏补缺、巩固知识。

对于教学的实施者与管理者——教师而言，计算机辅助教学模式的信息反馈功能也能够为教师提供更有针对性的教学计划及教学安排。教师可通过计算机辅助教学系统对学生学习情况（如学习时长、学习频率、学习内容以及练习等）的记录与反馈，掌握学生的基本情况，从学生的客观实际出发，采取因材施教的教学方针，及时调整成适合学生发展的教学策略，以达到最好的教学效果。

3. 实现无限制的协作学习

计算机的功能之一，便是能够为教学提供一个模拟情境。在这个虚拟空间中，能够实现教学的多种交互，协作互助是其中一种重要的交互形式。计算机辅助教学模式能够实现无限制的协作学习，主要从以下内容体现。教师根据教学重难点和学生能力发展目标，提供相应的教学内容，并根据教学内容为学生创设交互的环境，学生可就教学内容的某一方面展开讨论。在这一过程中，学生可对所讨论的内容从多种不同观点进行比较、观察、分析和归纳。这种形式不受条件限制，尤其是在网络背景下，客户端用户都可以参与这种形式的协作互助式学习模式。与传统教学模式限定于课堂、限定于学生的协作学习相比，计算机辅助教学模式范围更广，将参加同一内容协作学习的学生的智力集中起来，能够真正做到集思广益，让每一个参与协作学习的学生都能从中受益。

4. 便于加强教学自动化管理

教学是一项复杂而系统的工作，而不是简单的教与学的过程，涉及教师、学生、教材、教具等方方面面，教学质量的提高、教学效果的改善需要各方面的协调发展。计算机存储空间大，而且具备智能化处理的功能，因此实施计算机辅助教学模式，能够实现对各种教学信息的有序化，实现教学管理自动化，实现教学管理的效率和质量的不断提高。利用计算机网络或学生磁盘，可以自动生成数据库文件，该数据库文件与教学管理有关。借助计算机就可以有效管理学生的各种学习信息，实现查询、分类和统计等功能。

（二）计算机辅助教学模式的不足与改进

1. 计算机辅助教学模式的不足

计算机辅助教学模式以教学手段的多样化为现代教育领域注入了新的活力，改革了传统教学模式的弊端，在推进教育的不断发展与进步方面起着重要作用。然而，我们也应该意识到计算机辅助教学模式并不是万能的，在教学中如果使用不当，将会严重影响教学效果与质量，因此必须加以重视，使计算机辅助教学模式在教学中的运用更科学和规范。

（1）市场上销售的适合课堂教学的教学课件较少

计算机辅助教学模式的实施，一般需要相应的教学课件及教育技术的支持。随着信息化的发展，各类教学课件数量繁多，让人应接不暇。面对如此众多的教学课件，缺乏教学经验的教师及学生往往不知道该如何选择。在市场上销售的课件质量参差不齐，给学生造成很大的困扰，学生往往投入极大的精力和时间，却收效甚微。

究其原因，是其所选择的课件缺乏针对性，课件与学生不能建立起良好的互动关系。如何选择合适的、有价值的教学课件就成为教育者及学习者面临的一大难题。在计算机辅助教学模式下，通常把教学软件大

体分为 3 类。

第一类是由教育界的专家及优秀教师所设计的教学软件，他们具有很高的教学理论水平，且专业知识扎实、教学能力强，在教育一线积累了大量的教学经验，体现在教学课件的设计上，课件中的教学内容大多具有较高的教学价值，但是却容易固化教学内容和教学策略，甚至固化知识的表达方式和顺序，从而导致内容的单调。有的教师虽然有着较高的学术造诣，但对计算机技术并不精通，使计算机的优势不能充分发挥出来。这样的教学课件难以适应多变的教学环境，只能胜任一般的教学场景。

第二类主要由掌握专业计算机技术的专业人员所制作。与专业教师所设计的教学课件不同，专业技术人员在课件制作过程中突出技术方面，一般较多地展示计算机的功能，展现计算机的优势，而对于教学相关的内容表现欠缺。这主要是由于计算机技术人员缺乏教育理论的支撑，不了解教学的真正内涵，缺乏教学经验的指导。这类教学课件看似功能齐全，内容丰富、生动，却有着华而不实之处，没有和教学内容完全融合，不具有教学性。

第三类是在前两类的基础上发展而来的，是由教育专家、优秀教师与技术人员协作完成的。从某一方面来说，这一类教学课件具有绝对的优势，既有教学理论、教学实践的指导，又有计算机相应技术的支撑，无论是从教学内容还是教学策略方面，乃至计算机优势的应用，都得心应手，非常完美。然而，就目前的教育课件市场而言，这种质量较高的教学课件凤毛麟角。

要发挥计算机辅助教学模式的最大作用，首先就需要从教学课件质量的提升上着手。只有从源头上做好计算机辅助教学的准备，才能为计算机辅助教学模式的改革与推进奠定基础。

（2）注重形式、信息量，忽略内容、学生接受能力

教育信息化以及素质教育的推进，使越来越多的教师认识到计算机辅助教学的重要性。尤其是在教学评比中，一些教育管理者将计算机多媒体在教学中的使用情况纳入评比范围，这给不少教师造成一种误区，即运用多媒体教学频率与教学效果、评比结果息息相关。因此，为了做

出优质的公开课和授课内容，教师不得不在搜集素材、构思内容、制作课件的时候耗费大量时间和精力。此行为的直接影响就是耽误了正常的教学进度，而呕心沥血制作的课件形式花哨，偏重观摩评比，偏离实效性。不仅如此，有的教师为保证公开课的教学效果，甚至为了丰富授课内容，不惜改变原有的教学计划，让学生在学习过程中跳跃学习或重复学习。

在课件的制作上也忽略了学生的实际情况，高于或低于学生的能力水平，让学生按照课件的设定演示学习，这样的教学意义不大。而且这类教学课件通常也是一次性的，随着教学任务的结束而失去价值。这是对教学资源的严重浪费，是值得教育者深思的，是应该避免的。

还有一种情况是，有的教师在应用计算机辅助教学时，其课件所展示的内容色彩斑斓，这主要跟教师的个人喜好有关。有的教师喜欢在画面上采用亮丽的图案或颜色作为背景，或是别具匠心，改变字体形状或颜色，同时，为了让素材展现更生动、更有趣味性，教师采用了多种不同的呈现方式，如淡入淡出、加一些修饰点缀等，这些效果都让学生眼花缭乱。这样的界面看似丰富多彩、美不胜收，却是课件制作的大忌。绚丽的界面很容易让学生分神，导致其注意力都集中在特效的变换上，不利于学生注意力的集中。我们都知道，形式是为内容服务的，而花哨的形式并不利于教学主题的突出，自然产生的是喧宾夺主的效果。

另外，计算机辅助教学模式的一大优势是其蕴含巨大的信息量，有的教师希望发挥计算机存储量大的功能，尽可能多而全地向学生展示与教学相关的内容，这是计算机多媒体教学的又一大误区。这主要是由于教师忽略了学生的认知能力和理解能力。这种状况的出现与教学任务重、课时有限有着一定关系，教师为完成教学任务，而不考虑学生的实际接受能力。在计算机辅助教学过程中，如果屏幕信息转换过快，学生就没有足够的时间去理解知识。这些都是教师需要重视的问题。

（3）强调作用，忽视对学生信息素养的培养

计算机辅助教学模式是对传统教学模式的变革，有着传统教学模式无可比拟的优势，被认为可以完全替代传统教学模式，这是一种片面的认识。如果说计算机辅助教学模式是适应时代发展的应然之举，不推行

就是落后于时代，那么，完全抛弃传统教学模式，却又是对传统教学模式的不自信，是对教育理念认识的不透彻。

有的教师将计算机辅助教学模式应用在教学的全过程中，以语文教学为例，有的教师照搬他人的课件用于自己的课堂，甚至课文的朗诵也从网上下载，供学生聆听、体会、模仿，这其实是一种机械的计算机辅助教学模式。一堂课效果的好坏，并不仅仅在于课件使用程度的高低，也不仅仅在于教师传授知识的方法科学与否，而在于教师是否对学生进行了有效的引导，在教学过程中能否为学生创造了有助于知识建构的环境，是否鼓励学生踊跃参与、激发学生的积极性与主动性，以及在师生之间是否建立了良好的情感交流和互助。

此外，素质教育理念强调学生的全面发展，现代教育所提倡的教学要围绕学生的知识与能力、情感态度及价值观而展开，学生人格的培养是知识能力培养之外的一项重要任务。而单纯地通过计算机教学，对学生素质与能力的培养是不足的。尽管传统教学模式在某些方面表现欠缺，但是在传统课堂教学中，教师与学生能够通过面对面的交流，让教师在言传身教中感染学生，潜移默化地影响学生，这对于学生人格的培养起到了很大的作用。计算机辅助教学模式的优势显而易见，若教师一味地强调计算机辅助教学模式，而不是从传统教学模式中吸取教育经验，这对于学生来说是无意义的，尤其不利于学生的身心发展。因而，教师应该从思想观念上进行转变，既不能过度夸大计算机辅助教学模式的功能，也不能抹去传统教学模式的一些可取之处。

信息技术与教育的结合，使计算机辅助教学模式蕴含着巨大的潜力。这也是当前越来越多的教师重视计算机辅助教学模式的主要原因。网络信息资源丰富，能够满足教学的多种需求，这也为学生信息的获取提供了便利。为此，很多教师鼓励学生自主探究，让学生带着问题上网查阅相关资料。但考虑到网络信息的复杂性、网络环境的不可预测性，为减轻学生的负担，也为了让学生在网络的海洋中有目的性地寻找与自身所需的高匹配度的信息，教师有时会限制学生上网的范围，让学生在特定的网站查找相关资料。这种做法从表面上看是为了学生，其实这是一种过度保护，不利于培养学生良好的信息素养。学生具有良好的信息素养，不仅可以快速在网络上获取所需要的信息，而且还能对信息的真实程度进行鉴别和评价，培养对信息进行整合和利用的能力，从而将信息整合成信息作品。既然让学生自主探究，就应该给予学生充分的信任与自由，让学生在浩瀚而陌生的网络环境中层层筛选、点滴积累，这样才能让学生的自主性得到锻炼，能动性得以充分发挥，才能更好地适应计算机辅助教学模式。我们所说的信息素养，不是通过简单的课堂教学就可以具备的。信息素养的形成和提升是在实践中逐步培养的，不仅需要教师的引导支持，也是学校的责任，乃至是整个社会的责任。

2. 计算机辅助教学模式的改进措施

（1）彻底转变教师的计算机辅助教学观念

意识对行为有着直接的影响，因而，要提升计算机辅助教学模式的效果，应该从思想上开始转变。当前已进入信息化社会，教育信息化是教育发展的必然趋势，因此，教师要树立计算机辅助教学的意识，学校要为计算机辅助教学提供完备的硬件设施，以及营造良好的教学环境。

首先，对于计算机辅助教学模式的领导与管理机构，学校应该重视，并且对此进行健全和完善，加大技术与资金方面的投入，为计算机辅助教学模式顺利实施提供有效保障。同时，学校应成立专门负责计算机辅助教学的机构，为计算机辅助教学模式的开展提供技术支持，并且，为了使计算机辅助教学模式应用的效果得到提高，可以通过制作优质的课件来实现。

其次，不断提升教师的素质与能力。教育信息化推动了教育的改革与进步，加速了计算机辅助教学模式在教学中的运用，不仅要求教师具备较强的专业知识，还对教师信息技术能力的提高提出了较高的要求。学校管理者要认清局势，认识到计算机辅助教学模式对教师能力的要求。鉴于此，学校需要有计划地开设各类培训班。这些培训班需要让教师深入了解现代教育教学理论，学习素质教育的思想和先进教学方法，并且加强信息技术教育方面的学习。教师需要学习使用 PowerPoint、几何画板等课件制作软件，能够制作符合教学需要的课件，并且能够实现借助互联网来对教学信息进行获取。这些培训能够逐步提高教师的现代化教学水平，有利于促进教师队伍整体素质的提高。

最后，强化对计算机辅助教学模式的认识。计算机辅助教学模式已是当前学校教育中使用较为广泛的主要教学形式之一，无论是学校领导还是教师个人，都应该全面认识计算机辅助教学模式的形式和功能，进而重视并推动计算机辅助教学模式的发展。只有营造出良好的、有利于计算机辅助教学模式发展的教学氛围，才能顺利地推进计算机辅助教学模式在教育教学中的实施。

（2）整合多种教学方法实施多媒体教学

在计算机辅助教学模式中，课件是灵魂，计算机辅助教学模式的效果离不开优质课件的支撑。因此，课件对于计算机辅助教学模式来说至关重要。不同的教学内容、不同的学生情况对课件有着不同的要求，很难有一个课件同时满足不同的教学需求。也就是说，万能的课件是不存在的。要提高课件的制作效果和质量，我们需要通过建设计算机辅助教学课件库来实现。

课件库的作用便是储存大量优质的与教学内容相关的信息资源课件，以便在教师需要时，可以方便、快捷地找到适合教师自身教学需求的课件。课件库的这一功能是计算机资源共享优势的体现。

当然，有条件的学校或者单位还可以直接建立积件库，即把教学内容分化为若干个小知识点，将这些零散的小知识点制作成一个独立的小课件，最后再将其汇聚起来。这样，在教学中，教师可以从积件库中根据自身的实际情况，有目的地调用所需的积件来实施计算机辅助教学，方便而快捷，能够节省不必要的搜集资料所耗费的时间，然后利用相关的软件制作技术，就能快速完成所需课件的制作。

值得注意的是，在运用计算机辅助教学模式的过程中，一方面，要灵活选用多种教学方法，保证各种教学方法相协调，同时要根据教学实际，因地制宜。常见的方法有提问设疑、实物或图示展示、场景模拟及角色互换等，这有利于调动学生学习的积极性，激发学生的想象力和创造力，通过丰富的教学形式，使课堂教学达到生动、活泼的效果。

另一方面，要通过规范课堂语言，促进师生间的有效沟通。语言是人与人之间交流的纽带，是维持社会关系的基础。实施计算机辅助教学模式，就要充分发挥学生的主观能动性，突出教师在教学中的主导地位，积极引导学生在交流合作中发散思维，提高学习积极性。

（3）正确认识计算机辅助教学模式

在当前的技术水平下，计算机辅助教学模式在教学实践中能够模拟教师的教学行为并取代某些工作，让教师从繁重的教学任务中解放出来，以便于教师有更多的时间和精力进行教学研究，或是进行个人技能的提升。从这一角度上来说，计算机辅助教学模式具有值得肯定的应用价值。但我们也应该清醒地认识到，在教学中，虽然计算机辅助教学模式有着巨大的优势，但是它并不是一种万能的教学模式，任何无限夸大其作用的做法都是错误的，要用坚持一分为二的态度来看待计算机辅助教学模式。

计算机辅助教学模式不受时间和空间的限制，是当前重要的教学形式之一，作为教学的一种手段，它在教学中只能起辅助作用，即辅助教师完成教学任务。对于抽象的、复杂的、学生理解有困难的知识，教师可以利用计算机辅助教学模式图文声像兼具的优势，将抽象的内容具体化，以形象、生动的形式直接地展现在学生面前，让学生在多感官的刺激下发散思维，从而更有助于其对知识点的理解，产生的教学效果也是其他传统教学模式所不及的。

尽管如此，计算机辅助教学模式也不能完全代替教师的“教”，更不能代替学生的“学”。这是由于教学过程是师生双方，甚至多方参与的过程。作为主要的参与者，教师和学生任何一方都不能缺少，否则教学将不完整。也就是说，教学是在师生共同参与下才能实现的。教学也不是机械地传授知识的过程，教师是教学活动的组织者，学生是教学活动的主体，双方联系的纽带是交流。教师和计算机最大的不同在于情感，基于情感的交流才能拉近彼此的距离。对于教师而言，通过交流才能与学生建立良好的关系，才能更好地了解学生的真实情况，包括学生的心理情况，这样才能在教学中更有针对性；对于学生而言，通过交流才能对教师产生信任感，才能更好地配合教师的工作，这恰恰是计算机无法做到的。此外，对于某些任务，如对学生情感的引导和人格的培养等，计算机是没有办法完成的。

所以，就当前的实际情况而言，教学还是应该建立在传统教学模

式上，并辅以计算机教学系统的支持，在发挥传统教学模式长处的基础上，运用计算机某些功能，实现教师对于教学过程的有效控制和管理。

（4）加强对学生信息素养能力的培养

21 世纪对人才的培养提出了新的要求，人的全面发展是教育的发展目标。特别是随着信息化社会的发展以及信息化程度的不断加深，信息素养能力的培养成为教育信息化背景下学生必备的一项技能。信息素养的组成主要由信息意识、信息知识、信息伦理道德、信息能力等构成，是传统文化素养的延伸。作为信息素养的核心，信息能力具体包含以下几个方面：信息的获取、分析、加工。

现代教育注重培养和提升学生的自主学习能力，而对学生信息素养能力的培养，与学生自主学习能力有着直接的联系。学生信息素养能力的提升意味着学生获取信息的能力，以及对信息进行分析、处理的能力也相应地有所提高，这些能力对学生来说是必需的，因为它们有助于学生进行独立学习。学生信息素养的提高能够促进学生养成独立自主的学习态度和方法，并且学生在批判思维、社会责任感、参与意识等素质方面也会得到提高，此外，还能使学生具有发现新信息、应用新信息的能力和意识，善于使用科学方法去获取知识，还能在瞬息万变的信息世界中快速获取有效信息，甚至能够在一些被忽视的现象中发现有价值的信息并进行创造与引申。鉴于此，我们需要重视培养学生的信息素养能力。

首先，需要转变教师的观念，让教师认识到培养学生信息素养能力的重要性，鼓励教师在使用计算机辅助教学时，积极培养、有意识引导和锻炼学生的自主学习能力。其次，要加强对教师计算机技术能力的训练，使他们能够熟练地运用计算机辅助教学模式，从而降低他们对此的抵触，也更能够使其发挥重要的作用。最后，在计算机辅助教学模式应用过程中要注意引导学生重视对信息素养能力的培养，可把信息素养水平作为考核学生的标准，这样可以引导学生自发地提高自身的信息素养，帮助他们更好地结合所学专业来获取信息，同时，学生会更全面、更深刻地了解所学专业的信息，这对他们专业知识水平的提高有着积极的影响。

计算机辅助教学模式在教学中的推广与应用已取得了显著成绩。随着信息化技术的不断进步，这一教学模式在现代教学中的优势日益彰显。为不断提高教学质量并促使教育跟上信息时代的发展步伐，计算机辅助教学模式将成为今后学校教育发展的必然趋势。教师在实施这一教学模式的过程中，需要加强对课件的设计与制作，从提高自身素质与能力方面着手，把课件设计制作成学生学习的资料库，增强课件的交互性。同时，教师还应该考虑各层次学生的接受能力和反馈情况，以真正发挥计算机在教学中的辅助作用。

第五节　基于网络的计算机辅助教学

一、基于网络的计算机辅助教学的概念与特点

信息技术的不断发展推动了传统教学方式的变革，以“黑板＋粉笔”为主的传统课堂模式受到冲击，尤其是在当前推行素质教育的背景下，网络辅助教学不失为推动新时期教育发展的有益尝试。

（一）基于网络的计算机辅助教学的概念

基于网络的计算机辅助教学是一种借助计算机网络实施教学的新型教学手段，以教师为主导、学生为主体的思想贯穿教学过程始终。其主要通过网络技术和网络信息资源，呈现与教学相关的内容，弥补传统教学的不足，从而改善教学质量，提高教学效率。

基于网络的计算机辅助教学的内涵，可以从两个方面来理解。一是引入理论。新的教学方式离不开新的教学理论的支持，基于网络的计算机辅助教学是新的教学方式的尝试，需要引入新的教与学的观念和理论，使教师从传统的教学主导者的角色转变为教学活动的组织者、指导者、帮助者，学生从被动的知识接收者的角色转变为积极主动的思考者、探究者。二是引入技术。基于网络的计算机辅助教学，是以计算机为基础、以信息技术为保证的。而传统的教学以“黑

板+粉笔”为主，在教学过程中很少或几乎不涉及技术的参与。引入基于网络的计算机辅助教学就需要教师在教学过程中加强信息技术与教学的融合。

基于网络的计算机辅助教学不同于传统教学，也区别于单纯的网络教学，它是在这两种教学模式的基础上发展而来的。作为新时期教育的主要手段之一，基于网络的计算机辅助教学的实施虽是对传统教学的突破，但并未完全脱离传统课堂教学环境；虽吸收了网络教学的优势，但对网络教学的开放性并未完全吸收，有着其自身的特点。

（二）基于网络的计算机辅助教学的特点

1. 教学资源丰富且共享

在传统教学模式中，师生获取知识的来源比较单一，以书本和参考书为主。基于网络的计算机辅助教学在传统教学模式的基础上，还能够借助网络，获取更多的教材以外的教学资源，不仅包括本学科的专业知识，还包括与之相关的其他知识，对丰富学生知识储备、开阔眼界具有积极作用。此外，基于网络的教学资源还具备以下特点：声像兼顾、图文并茂、动静互补等，学生可以借助交互式人机界面所提供的与人类的联想思维与记忆特点相符合的、按照超文本结构组织的、大规模的信息库与知识库进行学习，为自主学习、合作学习提供良好的交互情境，有助于调动学生学习的积极性，激发其学习的动机。在信息化背景下，资源共享是信息化时代为人类社会带来的一大便利条件，教育管理者可以利用互联网实现资源共享的优势，广泛收集学科优秀教师的经典教案，或是有价值的教学素材，经筛选整理后上传至校园网上，供师生参考借鉴，实现资源的共享。

2. 教学方式灵活多样，实现多向教学交互

网络化的特点是人们能够不受时间和空间的限制，自由交互，这也成为基于网络的计算机辅助教学的一大特点。交互是教学过程中必然发生的行为，在传统教学过程中，无论是有意识或无意识，也无论是教师与学生之间，还是学生与学生之间，交互都伴随着教学的开始而发生，伴随课堂的结束而结束。在基于网络的计算机辅助教学中，交互可以随

时进行，即使在课外，网络也为师生互动提供了可能。师生间或者学生间可进行网上交流或者小组讨论。

网络的便利性也为学生间的交互提供了条件，教师可以设置问题情境，引导学生发挥思维能动性，通过开展灵活多样的互动方式，如小组讨论式、问题探索式、项目研究式等，让学生在研究性和协作性的学习活动中提高发现问题、解决问题的能力。

由此可以看出，无论是教师对教学资源的搜集、为学生提供学习协助，还是学生间的合作探索，都说明网络已成为师生交互的重要媒介。

3. 以教师为主导，以学生为主体

在长期以来的教育中，教师是知识的播种者与传播者，其一直被视为课堂的主导者。在课堂教学中，教师具有绝对的权威，而学生则处于从属地位，学生对于教师的安排需要做到绝对服从。随着信息化社会的发展，以及人们对现代化教学理念的深入研究，教师在课堂上的统治地位逐渐被动摇。产生于这一背景下的基于网络的计算机辅助教学，理应遵循现代化科学教育理念，树立以学生为主体的思想。教师的角色逐渐转为引导者、帮助者，在教学过程中，主要帮助学生完成探究式学习任务。

基于网络的计算机辅助教学突破了传统的教师权威，使师生的地位变得平等。在教学过程中，教师既可以是知识传授者的角色，传授知识，学生也能够有机会向教师提问、质疑，双方在探讨、交流的过程中相互学习，取得进步；也可以是引导者的角色，引导学生发现问题、合作探究，进而解决问题，能够促进学生个性化发展和创新精神的培养。

在教学过程中，不可否认的是学生差异性的存在。教育要实现学生的全面发展、协调发展，就需要教育者采取有效措施，不断缩小学生间的差距。而传统教学受到应试教育的影响，成绩及升学率成为衡量教学效果的标准。加之教学任务繁重，给教师造成极大的压力。教师很难顾及所有学生，尤其是知识水平稍差的学生，学生对知识的理解和把握程度也有所不同。在这样的状态下，学生间的差距是显而易见的，而且也

会呈现拉大的趋势。基于网络的计算机辅助教学，不仅简化了教师的工作量，而且能够为不同能力水平的学生提供差异化的学习条件，也为学生自主学习提供了机会。利用网络不受时空限制及可以资源共享的优势，学生能够利用课余时间丰富知识，查漏补缺，按照自己的学习状态，选择适合自己的学习进度。教师也可通过网络平台，给予学生适时的引导，让学生完成知识的建构。

二、基于网络的计算机辅助教学的优势与不足

科学技术的不断发展与进步推动着社会的变革。信息化已成为现代社会的突出标志。网络和多媒体的出现对人们的生产和生活有着深刻影响，尤其是对学校教育的影响更大。利用现代化技术可以构建虚拟的教学空间，学生在这个空间中能够构建自己的学习模式，获得各种图、文、声、像并茂的学习资料，且更加便捷，学习内容也更加丰富。此外，互联网还提供了科学、规范、高效且具有针对性、适应性的技能训练。更重要的是通过互联网，教师和学生不受时间、地域的限制，能随心所欲地进行教和学。总而言之，互联网的发展对于现代教学具有重要的影响。

（一）基于网络的计算机辅助教学的优势

计算机技术的不断发展给人们的生活带来了极大的便利，利用计算机进行网络教学，不仅能够提高教学效率，还因其丰富的教学内容极大地调动了学生学习的积极性，教学效果也随之提升。同时，网络教学打破了传统单一的教学模式，学生自主意识得以激发，学习的主动性得到提高。

此外，信息技术的发展使世界之间的联系更加紧密，信息的传递与交流也变得极为迅速，各种网络平台层出不穷，学习资料应有尽有。现代网络化的最大特点就是公开化程度高，这也使教学过程朝着国际化、公平化和透明化方向发展，学生足不出户就可以学习各大高校名师的公开课。总体来讲，基于网络的计算机辅助教学的优势归纳起来有以

下几点。

1. 实现教学过程的实时性

网络具有实时性的特点，通过应用先进的通信技术和网络技术，能够实现教学过程的实时性，即实现异地的教学同步，实现教师和学生交流的实时进行，有利于教师及时从学生处得到反馈，也有利于学生及时向教师提出问题，使得教师可以及时帮助、引导学生解决问题，提高教学质量及学生的学习效果。此外，教师与学生通过及时的交流沟通，可以拉近距离，有利于建立良好的师生关系，促进教学的顺利进行。

2. 提供学习资源和沟通平台

第一，利用网络技术，在教学过程中引入音频、视频等，使课堂教学变得生动，能够为学生提供更多的学习空间；学生根据自身的个性及需求，可以自由选择学习内容、学习形式。网络在更大程度上提高了教学的广度和深度。

第二，网络信息资源丰富，各种教学资料应有尽有，图片、视频都可以作为教学辅助手段，同时，网络教学不受时空限制，学生在学习中遇到问题时，能够在线求助教师或同学，及时获得他们的帮助，提高学习效率。

3. 使教学过程更具针对性

网络在教学中的应用，使教师可以根据学生的学习情况及时地调整教学内容，并且有针对性地对不同的学生进行不同的辅导，做到因材施教，以达到最佳的学习效果。通过网络，学生可以立足自身实际，对学习进行自主安排，可以自己决定学习的时间、内容、进度等。实际上，现代网络教学主要采用同步式和异步式这两种教学模式，同步式教学模式是指采用定时的方式，实现实时交互的多媒体教学模式。同步式教学模式以视频广播等为主要实现手段。异步式教学模式是指采用非实时交互的多媒体教学模式，异步式教学模式以网络浏览和视频点播方式为主要实现手段。

4. 为学生自主学习创造条件

网络化的最大特色就是信息普及，获取信息的手段便捷，不受时间、空间的限制。在各大网络教学平台，学生有足够的自主权，学生在选择

教学内容的时候可以根据自己的兴趣和需要进行选择，自行规划学习时间和节奏，真正地实现自主学习。

（二）基于网络的计算机辅助教学的不足

随着信息技术的发展，各种现代化教学手段被引入课堂，基于网络的计算机辅助教学已在各大高校普及。教学手段的现代化给师生带来了极大的便利，各种教学资料应有尽有，获取信息的渠道也更加多样、便捷。借助多媒体设备，使用音频、视频等教学方式，可以解决许多以前棘手的教学问题，使课堂教学形象化、生动化，趣味化，其对学生产生的吸引力也是显而易见的。任何事物都具有两面性，基于网络的计算机辅助教学也是如此，其不足之处，也是值得教育者关注的内容。

1. 过度依赖网络，淡化课堂教学情感

在传统教学中，师生间往往面对面交流，教师能够直观地观察学生的学习状态，了解学生的学习情况。在网络背景下，教师退居幕后，只能够通过教学反馈来了解学生的情况。与传统教学相比，网络教学主要是人机交流，在情感培养和人格塑造方面无法与教师的言传身教相比。在网络教学中过度依赖网络，一切通过计算机完成，会减少师生互动的过程，降低学生的思维能力，这不利于师生间信任感的培养。

2. 远程教学较松散，不容易控制

计算机辅助教学以网络为依托，属于远程教学的一种，教学具有松散性的特点，而传统教学能够实现教师对课堂的直接管理。基于网络的计算机辅助教学，一方面，为学生自主学习创造了条件；另一方面，也对学生的自主性提出了要求，有些学生的自律性差，自学能力不足，缺乏自控能力。对于这一点，在基于网络的计算机辅助教学中，教师无法做到全面有效的干预，故而这种教学形式不能发挥面对面教学的督促作用，这是其不足之处。因此，网络教学要培养学生的参与意识，也要引导学生具备较强的自律性，使其享受学习的乐趣。

第四章　计算机教学改革

本章主要内容为计算机教学改革，分别从 3 个方面展开论述，即，计算机教学设计改革、计算机教学体系改革、计算机核心课程教学改革。

第一节　计算机教学设计改革

随着社会信息化的加速和计算机教育的蓬勃发展，计算机应用已经渗透到学校和家庭等各个领域。计算机教学面临新的发展机遇，能否熟练使用计算机完成办公室无纸办公、数据处理、多媒体技术运用等已经成为当今社会衡量大学生综合素质的一项重要内容，在培养人才的高等院校中，计算机课程教学是高等院校教育教学中的重要组成部分，为了适应社会发展和满足需求，有必要对高校计算机教学设计进行改革。

一、任务设计改革

在新时期的计算机教学中，计算机任务教学指的是分析任务方向、创设情景、完成任务、总结评估的教学过程，其理论基础为构建学习理论和以人为本，非常强调任务设计的意义和互动性方面，并且注重提高和培养学生的自主探索能力。在整个的学习过程中，教师需要扮演着引导者的角色，积极引导学生进行自主探索和启发学习，深入挖掘学生的自身潜力，以实现学生的全面发展。遵守教学原则在计算机任务教学中有着重要的意义，不管是对整个的教学过程还是对教学结果来说都是非常有利的。

第一，计算机教师在任务教学中所建构的情景，应该与现实中的实

际情况相符，这样才能使学生相信并获得真实的解决问题体验，从而在之后的学习中不断积累知识并增强信心。

第二，在进行任务设计的时候，要尽可能保持生动和有趣，为了达到这样的效果，计算机教师可以在任务设计中整合图像、文字以及视频，使学生在学习的过程中可以获得美的体验。此外，还应该对不同学生的不同学习需求、接受能力等进行考虑，在学生实际情况的基础上进行分层教学，这就可以实现计算机任务教学的任务个别化和任务模块化。

第三，具备可操作性的任务设计，学生在教师的讲解和示范之后可以进行模仿等实践，完成自主操作，进一步掌握相关的计算机知识。

教师可以利用多媒体技术，在课堂上创建良好的学习环境，比如使用图像、文字、声音等多种方式来呈现任务，同时还可以采用“情景教学”策略来优化任务设计，以此提高任务教学效果。

举例来说，在讲授“word 表格计算”课程时，教师可以运用多媒体来吸引学生注意力，例如，播放奥林匹克运动会歌曲《手拉手》，并展示令人振奋的奥运冠军夺金照片。接着，以简明扼要的语言导入学习任务——“体会奥运热情、准备处理数据”。这种多媒体的呈现方式创造了生动的课堂氛围，吸引了学生的学习兴趣，可以使百分比计算、Average 函数以及除法计算等学习任务更加轻松、顺利地完成。

学生在计算机任务教学中是主要参与者。由于每个学生有着不同的成长环境、生活经验和知识储备，因此，他们也有着不同的行为习惯和性格特点。基于此，在设计任务时需要从学生的共性出发，并结合他们的学习背景、职业目标和渴望等来设计学习任务，以激发他们的内在动力。为了降低学生的挫败感，需要在制定任务时考虑到他们的个人喜好和兴趣点，以此来设计一些有趣的任务，并通过巧妙的设计来帮助他们克服面对困难时的不自信心态。此外，针对学生目前的状况，如他们对就业方向有明确的规划，但对实际从业情况认知模糊不清，可以在课程设计中加入模拟演练，以帮助他们熟悉实际的工作任务。为此，我们需要有针对性地设计课件，让学生能够掌握就业所需的技能和操作，从而激发他们的学习兴趣和热情，激发他们学习的积极性和主动性。在任务的具体设计中，可以采取分层任务的设计方式来实现任务难度的逐级递增。例如，如果要教授学生如何进行数据统计和排序操作，可以先让学生理解并掌握各类汇总方法，然后再逐步引入排序操作，让学生明确排序是分类汇总过程中的一个重要步骤。根据学生的技能水平和操作基础，教师提供复杂的排序条件，引导学生提高和巩固技能和操作。随后，教师引入分类和汇总，鼓励学生进行数据分析。这一过程层层递进，通过完成各种任务，学生可以不断增强自信，以便在后续的计算机学习中实现更好的学习。

二、教法设计改革

（一）加强教学过程的质量控制

课程采用综合评估方式考核，以综合实践项目为例，其考核由平时考勤与表现、设计文档评价、设计成果评价、成果展示以及组员与组长互评等构成。

在教法设计改革过程中建立一个基于课程设计和综合实践项目的网络管理平台，利用工程项目质量过程控制和质量管理方法，不断加强对综合性、设计性和创新性实践项目的质量控制。实践项目的执行力度以往受高校过于松散的教学组织形式的影响，只有通过有效的实践教学管理才能对惰性学生无法实现预定目标这一问题进行解决，才能确保培养方案的实施，完成学生能力培养的目标。

（二）更新教育理念

在教法设计和实施中考虑多样性与灵活性，为学生提供选择的余地，使学生可以根据自己的兴趣和水平，选择某个专业方向作为发展方向，并能自主设计学习进程。在教学过程中应强调以学生为主体，因材施教，充分发挥学生特长，教师应从学生的角度体会“学”之困惑，反思“教”之缺陷，因学思教，由教助学，通过“教”帮助学生学习，体现现代教育以人为本的思想，并由此推动教学方法和手段的改革。“做中学”教育思想为工程教育改革解决了一个方法论的问题，在这个方法论基础上的 CDIO（C——Conceive，构思；D——Design，设计；I——

Implement，实现；O——Operate，运作）工程教育理念，为工程教育改革的目标、内容以及操作程序提供了切实可行的指导意见。在推进专业的教育教学改革研究过程中，解放思想，放下包袱，根据实际情况，制定和落实各项政策和措施，为专业教学取得改革成效提供了根本保障。基于 CDIO 模式的应用型计算机专业的教法设计改革研究，是对各项教学工作进行梳理、反思和改进的一个过程。

任何改革的成功都是从理念革新开始的，人才培养模式的改革和实践是教育思想和教育观念深刻变革的结果，教法设计改革也不例外。经过组织学习，要求每一个参与者都准确把握教学改革所依据的教育思想和理念，明确改革的目的和方向，坚定信念，只有这样才能保证改革持续深入地开展下去。CDIO 模式的工程教育理念强调密切联系产业，培养学生的综合能力，要达到培养目标最有效的途径就是“做中学”，即基于项目的学习。在这种学习方式中，学生是学习的主体，教师是学习情境的构造者，是学习的组织者、促进者，并作为学习伙伴中的首席，随时提供给学生学习上的帮助。教学组织和策略都发生了很大的变化，要求教师要具备更高的专业知识和丰富的工程背景经验。CDIO 不仅仅强调工程能力的培养，通识教育也同等重要，“做中学”中的“做”并非放任自流，而是需要提供更有效的设计与指导，强调“做中学”，并不忽视“经验”的学习，也就是要处理好专业与基础、理论与实践的关系。只有清楚地认识到这些，计算机教法设计改革才不会偏离既定的轨道。随着我国教育的发展，各类教育机构要形成明确合理的功能层次分工。为了确保高校能够培养符合地方经济需求的高级应用技术人才，需要摆脱传统精英办学理念的束缚并重新回到工程教育的本源上。因此，在面临“培养什么样的人”和“怎样培养人”的挑战时，高校需要积极探索特色办学之路。

（三）强化实践教学环节

教学实践环境包括实验室和校内外实习基地。教学实践环境的建设既要符合专业基础实践的需要，又要考虑专业技术发展趋势的需要。计算机专业要有设备先进的实验室，如软件开发工程实训室、微机原理与接口技术实验室、计算机网络系统集成实训室、通信网络技术实验室、数字化创新技术实验室和院企合作软件开发实践基地等。这些实验室和实践基地为人才培养方案的实施提供了良好的教学实践环境。

计算机教法设计改革以及人才培养方案应该从真实的企业环境中设计出一个全面的、创新的实践项目。这主要是为了通过校企合作平台不断使实践教学质量有所提升，从而进一步培养学生的应用能力。这样的实践项目对师资要求很高：一方面，在教学上，聘任那些不仅熟练掌握生产操作技术，而且掌握岗位关键能力的专业技术人才，为学生带来专业前沿发展动态，树立工程师榜样；另一方面，将学生直接送到校外实习基地“身临其境”地进行实践，使学生能及时、全面地了解最新发展状况，在企业先进而真实的实践环境中得到锻炼，适应企业和社会环境，这非常有利于培养学生学以致用的能力和创新思维。

第二节　计算机教学体系改革

一、基于课程体系的计算机学科教学改革

经过多年的发展，计算机学科和技术专业已经形成了一套相对完善的课程体系。计算机技术随着科技的快速进步得到了迅猛的发展。20 世纪 80 年代初，个人计算机的问世和流行促进了计算机的发展。现在，计算机应用已经广泛地延伸到众多领域，比如文字处理、多媒体处理、工业控制等，同时也从独立的单机使用迅速发展成为复杂的网络使用。随着互联网的兴起与发展，计算机的应用范围不断扩大，就其发展速度而言远远超出了预期。然而，原有的 IPv4 的 32 位地址资源已经无法满足人们的需求，因此推行 IPv6 将进一步拓展互联网的应用范围。地址资源的扩充使互联网发展所受到的限制得到缓解。未来，互联网将向家庭设备的远程控制方向发展。由于 IPv6 提供的 128 位地址资源，每个家庭的每个家用电器都能分配到一个 IP 地址，从而帮助我们通过网络轻松控制家中任何一个家用电器的运行，这样不管身在何方，都能远程控制家中设备。

随着技术的发展，更新的知识必然要被纳入课程体系中。虽然在多年的发展中，学科的课程体系逐渐形成，但其形成过程是不断变化的，并且其也会随着科学技术的不断进步而产生变化和发展。对于课程体系中一些过时的知识将会被淘汰，而一些新兴的知识可能被纳入基础课程中。在20世纪50年代，电子技术的基础知识之一就是电子管，但随着晶体管的问世，电子管几乎退出了教科书。尽管如此，电子管在一些要求较高的功放和线性度要求较高的场合仍然被广泛使用。除此之外，学生要想学习如何使用电子管的知识，可以通过其他途径获取，不必将其列入正式的课程体系。

随着技术的不断进步，没有任何一个专业的课程体系能够覆盖所有的知识，这为改革课程体系提供了充分的契机。每个专业可以根据对该专业学生的定位，形成突出自身特色的课程体系。制定课程体系应以市场需求为基础，高等院校的培养目标应该紧密贴合人才市场对不同人才类型的需求。随着招生规模的扩大，高校需要着重关注、解决学生就业问题，着眼于培养市场急需的人才，这也是高校改革的核心所在。

创新是精品课程建设的核心，而改革课程体系是创新的具体实施的首要体现。打造精品课程的核心在于课程体系的改革。对于非工科类院校的计算机科学与技术专业，一方面要求学生对基础知识进行掌握，另一方面还需要结合学校的特色，在教学中增加一些独具特色的课程。此外，应该在课程体系中增加学科的最新技术，并且注重提高学生素质。教育改革已经将重点放在该方面，这就要求减少传统的课堂教学，更加注重学生自主学习能力的提高。在这样的背景下，怎么进行调整才更妥当呢？

通过详细分析学科课程，发现各课程之间存在相互关联，因此，要明确学科发展的需要，了解弱电类专业的特点。因此，将“电路分析基础”“模拟电子技术基础”和“数字电了技术基础”合并成一门课程是合理的，同时又不会改变课程内容的本意。第一，这些课程必须设置。在计算机应用专业中，学生需要掌握计算机体系结构、计算机电路工作原理、软件编程、接口电路，这样能够满足软件系统设计和计算机控制系统设计的要求，因此必须设置这些课程。第二，这些课程是后续课程

的基础与前提，如果没有对它们进行讲解，会增加学生理解计算机原理、计算机接口技术等课程的难度。第三，这 3 门课程之间存在很大的关联度。虽然这 3 门课程具备独立性，但是它们之间存在很强的关联性，因此，对这 3 门课程可以根据教学目标进行有机结合，从而更有效地利用和减少课时。第四，有足够的调整空间。这 3 门课程作为电类专业的核心课程，学时都很充足，改革这 3 门课程，有望为整个教学体系的改革预留出广阔的空间。

在国内，目前只有将两部分进行合并的教材，还没有更加合适的教材可以选用，如果使用现有教材，将会面临一系列问题。

（1）教师面临的教学挑战很大，有着很大的教学难度。由于教学时间的限制，我们无法完全覆盖教材的所有内容。然而，一些知识点是必须掌握的，因为它们在后续的学习中会用到。这些知识点之间也存在联系和依赖，因此，如果只讲解其中的一部分，会导致学生在理解上出现困难。如果要讲解所涉及的章节，则需要更多的教学时间。而如果只讲解知识点，则会导致课程内容不连贯，影响学生对知识的理解，对学生的学习效果产生不利的影响。

（2）学生面临着沉重的经济负担。在一门课程中要求学生购买多本教材，会给他们增加经济负担。

对此，可以尝试创新教材，因为教材需要整合 3 门课程，同时要顾及技术的最新进展，并符合教学需要，所以在编写教材时必须综合考虑多个方面。

首先，需要将最先进的技术进一步整合到其中。在撰写教材时，我们不仅要删减内容，还需加入最新技术，如 EDA（电子设计自动化）技术，通过这部分学习，学生可以更直观地进行电路设计和仿真，同时这也是其今后掌握“嵌入式系统”的基础和前提。

其次，删除计算机或其他弱电专业使用较少的内容。在计算机和其他弱电专业中，主要涉及数字信号和变化较缓的模拟信号的处理，包括各种接口电路。因此，有些不需要详细授课的内容，如模拟信号放大电路的频率响应、三相交流电的分析等应进行删减。

再次，某些内容可以实现有机融合。尽管电源是模拟电子技术中一

个独立的组成部分，但由于计算机或弱电专业通常使用的是小功率器件，因此可以在介绍半导体器件的相关内容时，顺带介绍电源的一些概念，如整流、稳压等。

最后，需要根据实际情况对实验指导书进行适当的修改与调整。鉴于课时减少，实践课时也会适应性地缩减。令人遗憾的是，目前我国学生在实践环节上普遍存在缺陷，因此，减少实践环节将不可避免地对课程教学效果状况产生不利的影响。为了规避此类问题，可以让学生参与课外实践活动来改善实践能力不足问题。

开展课外实践活动的方式和方法会直接影响实践活动的成果和效益。众所周知，兴趣是最好的老师，因此，最佳的切入点是兴趣。对本课程经过深入研究后，认为可以从以下几个角度来探讨。

首先，要开放实验室。在当前我国高校中，有一个值得关注的问题是实验室管理方面存在某些不足。许多高校的实验室只对学生的课程实验开放，不对其他用途开放，在无课程实验的时间里，实验室资源不能得到最大化利用，浪费了很多资源。如果高校实验室对学生是开放的，尤其是在晚上和周末这个时间段，学生就可以更充分地利用这些时间段进行实验，这样可以获得较好的教学效果。

其次，设立创新小组。可以组建创新小组，推行个性化教学。对于一个专业的学生培养应该因材施教，从学生的兴趣和特点出发进行适度引导，鼓励学生走多元化的发展道路。为创新小组的学生提供系统培训，包括但不限于使用仿真软件、学习单元电路原理以及掌握测控技术等方面的知识。这不仅可以激发学生对硬件的兴趣，还能引导和鼓励他们亲手制作一些设备。创新小组的培训目的在于激发学生的创造性思维，培养创新意识。

最后，搭建交互平台。可以为学生专门开设一个专题网站，吸引电子爱好者，学生可以在这个网站上相互交流，探讨问题，并且还能实现资源的共享。

虽然已经花费了很多心思在教材建设和课外实践方面，但网络资源也是一种非常有用的工具，不能被忽视。在近年来的讨论中，网络课件的优缺点一直备受关注。虽然存在一些缺点，但网络资源确实能够辅助教学。为了解决课时不足和唤起学生的兴趣，在对网络课件进行开发的时候进行了以下尝试。

首先，开设一个在线讨论区。为了激发学生的学习热情和积极性、主动性，网络课件中设立了一个“在线论坛”，鼓励学生就某个问题发表自己的看法，或向其他学生寻求帮助，此外，这也为教师提供了一个了解学生学习情况、学习进展并解答问题的平台。

其次，建立聊天室。在线论坛为师生提供了一个非即时的讨论平台，而聊天室则提供了一个最适合即时讨论的场所。在“聊天室”中，学生可以交流讨论问题，同时教师也可以通过聊天室为学生答疑解惑。根据实际应用情况来看，部分公式的表达受限于网络课件的格式而不能得到很好的表达，在此方面需要网络课件进行改进。

最后，充分发挥多媒体技术的作用。课程内容的表现形式因多媒体技术变得更加丰富，成为展现课程内容的有效手段。在电路中，许多概念若运用语言和传统媒体进行描述，则是非常抽象的。抽象的概念对学生来说有一定的理解难度，为了让学生更好地理解这些概念，可以使用 Flash 动画来呈现。例如，如果没有设置好静态工作点，则会导致波形失真，以及放大电路中直流通道和交流通道的问题，对于这些抽象的概念可以通过动画形式呈现，使之更加具象化，便于学生理解。

二、以计算思维为核心的计算机基础教学课程体系改革

“计算思维”是一种科学方法，其解决问题、设计系统和理解人类行为时主要运用计算机科学的基本原理来完成。在现代社会，各个专业领域的人才必须掌握的能力之一就是计算思维，即通过选择合适的方式来对问题进行陈述，并对问题的相关方面进行建模，最终采取最有效的方法来解决问题。随着互联网的不断发展，高校教育越来越重视培养计算思维，这对教学改革产生了重要的影响。可以预见，数据、数据分析、计算、计算思维等会与高校计算机教学改革有着千丝万缕的联系。各个高校的计算机基础教学也聚焦在怎样进行课程设置上，并且开始尝试有针对性的、系统的、科学的、多元化的教学方法，主要目的在于帮助学生熟悉计算机分析，以熟练解决问题。

随着国际 IT 人才的需求不断增长，我们已经步入了大数据时代。现在，在生活和工作的各个领域中，大数据、云计算和物联网已经得到了广泛应用，这对学习和生产方式产生了革命性影响。随着互联网的发展，高校教学也在注重和推动计算思维的培养，这对于教学改革产生了极为重要的影响。高校计算机教学改革在未来将与数据、数据分析、计算和计算思维紧密相连。

目前，科技革命在加速演进，产业变革正迅速推进，新技术、新应用、新业态如人工智能、大数据和物联网等正在蓬勃发展，互联网的发展前景更加广阔。计算思维在目前各个应用领域的专业学科中已经成为一种非常重要的思维方式和手段，研究该课程体系可以为高校计算机基础课程改革提供建议，在培养创新型的人才上，也可以将“计算思维能力”培养与“创新人才培养”相结合，实现人才培养的创新。

在各领域中，互联网和计算机技术日益成为重要组成部分，教育部高等学校计算机基础课程教学指导委员会公布了《九校联盟（C9）计算机基础教学发展战略联合声明》，在这份声明中强调了在计算机基础教学中，计算思维能力培养是核心任务。我们开始思考如何构建一个以培养大学生“计算思维”为核心的教学体系，包括课程设置和系统化、多元化的教学方法，旨在帮助学生掌握计算机技能，让学生熟练运用计算机分析和解决问题。

当前高校的教学模式和教学方式主要采用传统教学模式和技术，也就是说，以教师授课为主，并结合课堂实践和课后实际技能使用的方式。尽管多媒体技术在平时的教学过程中也有所应用，但是主要集中在课堂教学中使用，多数高校学生的学习方法仍然延续自中学时期形成的被动接受教师讲授的方式，并缺乏自主学习能力和对知识的整理和拓展。因此，学生对于课程知识点的拓展和应用认识尚不充分。如果在教学中仍然坚持使用传统的教学方式，则无法有效地培养学生的计算思维，也无法帮助他们掌握实际应用计算机技能的技巧。

计算思维的培养即让学生获得判断大量信息并思考、鉴别信息，对信息的获取进行思考的能力，在处理和加工信息的时候使用科学的手段，使其成为自身的内在技能，因此，对于学生而言，发展计算思维是培养其获取专业知识技能的一部分。学科知识的习得和应用在现今社会中从来不是孤立存在的，而是相互交融、互相渗透的。因此，除了获取和处理信息外，学生也应具备可以建立合理知识框架的能力，这可以使他们独立思考，找到不同学科之间的联系，并促进他们构建一个健全的世界观和价值观。

随着“计算思维”改革的推进，对教师的要求也在不断提高。因此，高校不仅应该注重培养学生的能力，也应该更加重视引进和培养优秀的教师。对于人才培养而言，在对学生培养目标明确的基础上，在对教师发展规划明晰的前提下，教师的素质能力有着“奠基石”的作用。学生的学习方向和深度会受到教师“专”“深”的影响，同样，教师的实践能力也会对学生产生深远的影响，因此，在改革体系时，提供以下关于教师培训引导的建议。

第一，要实现培养应用型人才的目标，教师应该对市场、行业和职业需求进行市场调研，完成行业分析和职业岗位分析，在此基础上对培养目标进行调整和改进，对教学内容、教学方法和教学手段进行完善和更新。此外，还应重视传授学生相关行业和职业知识，培养学生的实践技能，使学生具备开发和改造专业的能力。鉴于此，教师不仅需要具备专业的教学能力，还应该具备专业技术职务或技能认证，实现与实际社会需求相吻合，只有这样才能保证教学的内容与市场和岗位的需求保持一致。

第二，在强调“计算思维”的教学模式下，教师应注重对学生的思考、发掘、应用和创新能力的培养。因此，教师需要在具备理论教学能力的基础上拥有实践教学技能。目前，许多高校教师虽然理论水平很高，但缺乏充足的实践经验和丰富的实践手段。高校应该积极引进和聘请经验丰富的实践型教师，只有在不同的专业、不同应用方向上都有充分实践经验的教师，才能培养学生的“计算思维”能力。这类教师可以是以下人群：某一领域的专家、拥有丰富实践经验的专业人才、来自不同领域的专业团队、企业中的技术人员。这类教师可以向学生传授知识，帮助学生认识到在实际领域中计算机技能的必要性和重要性。

第三，校企合作能够让学生参与真正的实施项目，参与项目的整个

生命周期，包含项目的建立、需求分析、概念设计、详细设计等。在此过程中，明确计算机在其所应用领域中的重要地位，掌握计算机在各个领域应用及其重要性，详细阐述了如何运用计算机技能来高效地实现团队协作、协同工作、产品展示以及市场调研等任务和工作。

院校的学生来自多个地区，院校有着广阔的生源地，但每个地区的实际情况千差万别。有些地区的学生有着非常强的计算机使用能力，能够进行数据处理和完成程序编写。而在某些地区，学生并没有非常强的使用计算机方面的能力，仅限于基础的文本输入。由于高校学生之间的差异性较大，在教学中如果使用统一的课程内容和教学方式可能会导致一些学生对学习失去兴趣。我们可以在学生入学时，对他们的实际计算机应用能力进行客观评估，并按照不同的水平对学生进行分班教学。这些班级有不同的起点，上课难度和进度也会有所不同，根据班级水平，任课教师会适时调整教学方案和案例，以激发学生的学习兴趣。教师会为每个层次的学生布置不同的作业，以帮助他们独立思考和熟练运用计算机工具和技巧，培养他们用“计算思维”对问题进行解决的习惯。因为有着不同的知识目标，所以也会有不同的课程侧重。在计算机基础教学中，应该综合考虑各个学科的不同特点与对计算机知识的需求，从而在内容教学上进行有针对性的区分。例如，对于理工科学生而言，应该对他们的“计算”思维与能力进行重点培养，注重培养其在计算机网络、算法、数据结构等方面的知识与技能，以帮助他们更好地解决问题并厘清问题求解的基本思路。针对文史类专业学生，我们应该对他们的数据管理技巧进行重点培养，比如文稿演示技能、排版能力、数字电子处理技巧、网络信息获取技能等。

现代教学是多方位的教学，要想实现“计算思维”的培养，不仅需要在平时教学中有充足的教学时间，还需要学生在课余时间可以得到及时的指导和拥有更多的实践机会。对此，教师应该积极引入和利用现代教学手段，让学生实现互动交流，将碎片时间进行合理分配，以养成“计算思维”习惯。现代教育工具和手段极为丰富多样，如“雨课堂”“微助教”等软件不断出现，这些软件的出现有利于促进课堂互动，帮助教师实时掌握学生情况、发布课件，也可以进行小组练习等教学活动；“中国大学 MOOC”“问卷星”等软件依托于网络，主要针对专业知识点完成教学的补充，在这个过程中学生可以学会以高效的方式实现信息统计；通过使用“医学导航”“大数据导航网站”等专门搜索工具，可以帮助学生培养深度挖掘数据的技能和能力。

“计算思维”培养的结果评价是一个多方面、复杂的过程，因此需要持续不断地搭建评价方式和体系。要跟踪、监控学生在计算机基础课程的学习过程，这是一个阶段性的、相对客观的量化评价。第一，改革以往的考试方式，就当前的大多数高校而言，其考试模式主要是考查客观题，也就是说，考查学生对知识点的记忆和熟练程度，并以此为依据来评定学生成绩。为了更好地培养“计算思维”，我们需要调整考试模式，增加开放性、实践性和讨论性题目的比重，减少客观题的比重。第二，在评估学生表现时，应该采用跟踪评分的方法，将他们在接受课程培训后一连串的表现作为评价标准。这些表现包括但不限于他们在面对实际专业问题时采用的解决方法、在小组作业中是否具备协同工作的能力、在小组作业中是否为组员提供实质性的意见以及是否利用网络信息的收集展示自我分析和独立思考的能力等。第三，在评分的时候，应该尽可能量化评价，进行客观的多目标性评价和充分的评分标注。

在培养“计算思维”的过程中，应该以学生为中心，以培养为手段，选择适宜的教学方式，以实现对学生积极性和主动性的充分调动，并通过逐步评估学生的学习成果来进一步强化教学效果。为了培养“计算思维”，需要在教学体系改革中注重培养学生的思维习惯，同时也要运用各种方法，促进思维发展。这个过程需要长期的引导，以形成持久的思维习惯。

三、基于创新创业人才培养的计算机实践教学体系改革

人才是推动创新和改革的核心，他们是实施创新策略和引领创新发展的支柱。当前，我国着重推进大学生的创新教育改革，这项深入培养人才的举措对于促进国家建设具备重要的战略意义。在改革计算机专业实践教学后，学生的创新能力得到有效提升，这得益于我国对人才和技术培养的重视，并将创业人才培养作为人才培养的重点。此外，计算机实践教学体制的不断深入改革，进一步提高了大学生的创业能力。我们

可以从高校计算机实践教学入手，分析创新创业人才培养情况，以进一步提高实践教学的有效性。

为了创新创业人才的培养，我们需要建立合理的、科学的培养体系。“校企合作”是当前许多学校所倡导的主要方向，主要目的在于“工学结合”，不断改进和完善创业人才培养模式，以使创新改革得以真正付诸实施。为了做到这一点，我们需要培养创新思维、创新意识，以此为基础建立创业人才培养体系，在实践中让学生不断提高自己的能力和水平。培养计算机复合型人才是计算机实践教学的主要目标。为了契合专业特征，教学应该充分融合理论和实践，以学生为本，这样能够有效地培育出具有创业能力的人才，从而达到教学初衷。许多计算机专业的教师鼓励培养创业人才，建议建立多维度的实践应用平台，有效整合各种实践资源。这样，可以以平台为基础，与模块化设计相结合，构建全新的计算机创业人才培养模式，将创新教育、专业教育和实践教学有机地结合起来，这一方法可以有效地解决创业能力培养难以落实的问题。

尽管计算机实践教学体制改革在许多高校正在实施，但是改革进程相对缓慢，这不利于创业人才的培养。同时，许多计算机专业教师在创新和创业方面的意识较为欠缺。对于实践教学，教师并没有对其重要性有清晰的认知，这就导致学校的实践教学体制改革发展缓慢。这将对创新创业人才的培养目标和计划产生不利的影响，同时也会影响教师对教学方式的及时调整。高等教育旨在培养具备实践能力的人才和复合型人才，以满足市场的不断升级和对人才需求的变化。然而，许多大学在培养人才时往往不考虑企业的需求，也无法根据企业的实际情况灵活调整计算机专业实践教学内容。在这样的背景下，计算机专业学生会出现与市场相脱节的情况，企业对人才的需求也没有办法得到满足。

在计算机实践教学体系改革中依旧存在一些问题，这就导致高校中实践课程较为缺乏，一方面这会对学生理论知识的强化产生直接的影响，另一方面也会对实践应用产生不利的影响，进一步导致学生实践能力的缺乏，制约了创新创业能力培养工作的顺利开展。当前，对于计算机专业毕业生的实践能力，很多的企业表示担忧，总体的评价也不高，造成这种情况主要有两个因素：一是学生的专业技能不足；二是高校中

实践课程所占比例过低。

在计算机人才培养领域，改革教学系统的前提是提高创业实践人才的各种能力。鉴于此，应该加强教师队伍的综合素质。在我国，尽管高校的计算机师资队伍有着非常高的教学能力，但是在创新创业方面，有一部分教师与现实的需要之间有着较大的差距。对于多数的计算机专业教师而言，他们没有及时接受创新创业再教育，并且，有很多的教师也没有企业方面的工作经验，这对实践教学改革产生了不利影响。此外，许多教师也没有参与相关科研项目，导致自身的知识更新较慢，这也会对实践教学改革产生一定的影响。

要取得更显著的人才培养成效，高校应该将企业的岗位需求作为切入点，着重增进学生和企业之间紧密的联系，让学生拥有较强的岗位能力。为了提高学生的自主学习能力，可以借助系统构建以及相关科目设计，实现对学生实践操作能力的强化，在这个过程中不断增强学生的创新意识。通常来说，需要探讨以下 3 个方面：① 确立和创新实践教学内容；② 考核创新创业人才培养机制；③ 建立与实践教学相关的保障机制。另外，通过引入新思路来构建实践教学体系，为培养高素质型人才打下基础。比如，在实践教学中采用模块化设计思维，在课程体系中特别强调实验、实训等教学内容的重要性，同时，着眼于学生课程设计的情况，注重发展学生在这一方面的能力。

实验课在计算机教学中具有不可或缺的地位，它是实践教学体系的重要组成部分。举例来说，一旦计算机专业学生掌握了 C 语言编程的理论知识，他们就需要参与教师组织的实践活动，以便更好地加强此学科的实际应用能力。学生在编写程序的时候可以使用比较简单的编程语言，以便为之后的网页设计学习打下基础。鉴于此，教师应该合理安排课程，增加实验课程的比重，减少理论课程的时间占比。学生在这样的环境中，在兴趣的指引下，可以对所学的知识进行深化，也可以实现理论与实践相结合。课程设计的主要目标是评估计算机专业学生的学习情况。对于不同的计算机专业，其课程设计在重要内容方面有着一定的差异，课程设计也会因不同的就业方向而有所不同。对于计算机专业的毕业生而言，如果他们未来想从事软件开发领域，那么在进行课程设计时，

教师就应该注重培养他们的小程序开发能力和设计能力，如定期举办展示活动，鼓励他们独立完成编程设计。这不仅能够使学生的潜能得到激发，还能够有效提高他们对知识的实际应用能力。

对于计算机专业学生而言，在综合技能培养教育方面，教师可以借助创新创业人才培养不断增强学生的学习动力，增强学生的学习意识和提高学习能力。同时，教师应该鼓励学生参与科研项目的研究，以唤起学生的创新潜质。在不断优化实践教学环境的基础上，还应不断改进教学方法，使得学生能够更积极地参与其中，进而获得更好的教学效果。教学方法的改善涉及调整传统教学方式，采用更加具有弹性和适应性的方式，并注重在实验和实践课程中增加趣味性。教师作为推进实践教学系统改革的先锋，应该为学生创造更加自由宽松的学习环境，以促进教学的开放，让学生能够毫无拘束地参与到讨论中，实现对学生内在学习动力的不断挖掘。此外，教师也应该积极鼓励学生参与企业实践工作，与对口就业的企业之间合作，共同开展实践教学，让学生在实践中对自我学习的成果进行检验和肯定。学校也可以创建实践教学基地，开展第二课堂，实现对学生积极性和主动性的调动和激发。例如，大学邀请计算机专业的毕业生参与某品牌电脑售后服务工作，提供电脑维修服务。通过这种实际体验，有助于帮助学生深入了解企业的经营管理实践，使知识得到内化。

在教学中，教师需积极营造适宜的实践教学环境，建设具有创新创业特色的社团，注重加强培养学生的专业技能，以促进其创业实践能力的提高。基于此，教师可以有效整合校内的计算机实践教学资源，并为学生搭建更多、更高质量的专业平台，这可以为学生提供更多的实践教学机会，并开辟新的实践教学路径。比如，成立一个创新实验室，在计算机专业学生的创业培养内容的基础上，深入挖掘关键项目和资源，以提供更多的创业平台和市场给学生。我们可以利用创新创业社团的相关活动，为学生提供更多便利条件，让他们能够通过校内实践教学平台实现自身价值。在许多大学里以下情况非常普遍：很多的创业孵化平台由教师牵头为学生搭建，在对政策优势进行充分利用的基础上尽可能为学生提供技术支持和经济支持，以促进他们创业实践的顺利开展。假设某学生找到了适合自己的创业项目，学校和教师就可以在投资和融资方面为其提供支持和帮助，以便为这项创业计划提供更多方便，使之可以有序进行。同时，借此机会，学生可以直接向企业输送相关项目。通过学校和教师提供的平台、技术、政策等支持，学生可以更加有信心地探索创业领域，增加成功的可能性。

对于计算机专业而言，理论知识和实践操作技能同等重要，其是一种实践技能较强的学科。鉴于此，学生不仅需要掌握知识，还需要通过实践强化技能，以适应未来就业市场的要求。现如今，计算机行业的就业需求与传统的人才培养模式并不吻合。因此，需要将专业特点与实践教学体系融合起来进行更新和改革，以实现创业人才培养方式的创新。同时，需要在工作实践中对实践教学的内容进行确定，并不断探索新的人才培养策略，同时充分注重培养和提高学生实践技能。在具体工作中，需要融合多种体系或模式，以实现相互补充、相互促进，进而不断推进实践教学改革，这对于提高计算机专业学生的实践能力有积极的作用，也是学生未来创业、就业的坚实基础。

第三节　计算机核心课程教学改革

一、计算机课程教学模式改革

（一）改革要求

1. 教学与实践相融合

（1）融合多种教学形式，紧密衔接理论和实践教学。

（2）通过不同的教学形式引入不同的教学环节。

（3）在学期结束之后进行专业核心实习环节设置。

（4）设置实习环节考核方式，以一个综合性的设计题目训练和考查学生对计算机专业课程知识的运用能力。

（5）加强对学生专业素质和职业素质的训练。

2. 精进教学考评方式

（1）遵循“精讲多练”的原则，改进计算机专业考核方式。

（2）课程考核从偏重于期末考试改变为偏重于进行阶段考试，学期中可增加多次小考核。

（3）注重平时上课、作业、出勤率的相关考核，增加对平时创新性应用的考核。

3. 教学手段多样化

计算机专业教师在授课的过程中，应该更加注重教学手段的实用性与适应性，实施丰富的教学手段。教师授课以板书和多媒体课件课堂教学为主，并借助相关教学辅助软件进行操作演示，改善教学效果，同时配合课后作业以及章节同步上机实验，加强课后练习。

4. 教育研究不断深化

教学与教研是两种概念，切不可混淆。在注重计算机教学过程的同时也不能忽视教研的作用。在探究教育环节时，积极引导学生发挥主动性，坚持学生参与研究并加快落实其人才成长的基本原则。

在对学习类课程研讨的时候，注重向学生传授研究技巧与方法，并指导他们掌握研究的路径。学生需要自己主动寻找解决问题的具体方案，对于有志从事研究工作的学生，应该积极引导他们早日加入教师的研究团队，以便获得科研环境的滋养、科研方法的引导和科研能力的提升。

5. 顺应时代潮流与需求

时代的趋势，即社会发展的总趋势，表明现在正处于信息技术飞速发展的时代，各行各业的出现、发展、衰落甚至消失都与信息技术的发展程度密切相关。教育也是如此。身处信息环境，应该培养学生的学习能力，鼓励学生开展合作学习、自主学习和积极学习。在教育教学中，不仅要让学生养成良好的信息技术学习习惯，而且还应该激发他们的学习兴趣，以实现学习质量的提高。在“互联网＋”时代的背景下，学生的提问、问题分析与解决能力在网络的影响下受到信息技术的影响和塑造。与过去相比，学生的身体和心理状态产生了巨大的变化，这将进一步改变师生之间的互动关系。

当前学生的发展需求与传统的教学方式已经无法相匹配。当前，我国的网络水平正在逐步提升，这不仅表现在加快学校的发展步伐方面，而且各高校还致力于普及和应用网络信息技术于教学环节中，以在教育领域中提升网络信息技术的优势。然而，经过全面调查和分析，目前高校的课堂教学模式及其效果显示，网络教学模式未能充分发挥其在高校教育中的优势和功用。依托于网络的教学模式并非要求高校完全放弃传统的课堂教学模式。这两者并不矛盾。如果现代信息技术能融入传统课堂教学，网络教学就能得到充分有效的应用，吸收两者的优点，克服其局限性，就能大大提高高校教育的教学质量。

通过分析网络教学的现状，可以将教学模式大致分为两类：第一类是教师利用信息技术媒体在多媒体环境和网络环境中向学生展示抽象而复杂的概念或过程，这可以让学生对这些概念和过程有更好的理解，也更加容易接受；第二类与第一类相比更加先进，在整个学习过程中，教师对具体的课堂环境进行规划，采用项目教学法和任务驱动教学法，与教学内容紧密结合，激发学生的好奇心和学习动机，让学生在网络教学环境中独立探索，相互合作，获取知识和技能。在这一教学过程中，教师起着指导和监督的作用，师生交流模式主要是以学生为中心、以教师为中心。如果教师采用第二种教学模式，可以营造出良好的学习氛围，调动学生的积极性和主动性，有利于提高教学效果。此外，还应该对学生的探索能力、实践能力以及信息技术的运用能力进行培养，进一步提高学生的就业竞争力。

为了跟上时代的发展趋势，高校并没有盲目地通过网络改革课堂教学模式。但是，他们已经认识到相较于传统的课堂教学模式，网络教学所具有的独特优势。

网络教学是一种以学生为主体的学习模式，强调学生的自主性和创造力的培养，强调以资源为基础的学习，学生不再是被动的知识接受者，教师也不再是单纯的知识灌输者，而是帮助学生建构知识的组织者、指导者、促进者①。自然教育是网络教学的本质，网络教学的核心是利用

① 尹俊华.教育技术学导论[M].北京：高等教育出版社，2002.

现代信息技术搭建的教育资源网络。这就如同一个广阔无垠的知识海洋，里面充满了大量的信息资源，包括来自各方的想法和观点，还有各种表达形式，如文本、图像、视频和数据库。这些资源有多种形式，并通过图片和文本进行说明。例如，可以将传统教材或教师课堂教学转换成电子书、音频材料和视频。此外，许多著名教师愿意分享他们自己的学习材料、讲座、公开课、优秀课程，甚至他们自己的教学计划。与此同时，互联网上有许多学习网站通过搭建平台来吸引学习者。例如，微课——近年来流行的一种学习模式，大多数课程的时间只需要 5～8 分钟，几乎没有超过 10 分钟的课程。微课中教师专注于课堂教学中的问题和知识点教学，这有利于学习效果的提高，并且微课有着明确的主题，内容简明扼要。随着时间的推移，越来越多的人开始关注微课教学这一新型教学资源，其吸引力逐渐增强，推动着更多人去学习。

网络教学的出现，颠覆了传统封闭式的大学教学模式，为不同背景和水平的学生提供了更为广泛、灵活的教育选择。网络教学打破了时间和空间的限制，让遍布全球的人们能够共同参与虚拟教室中的学习和研讨。并且，他们还能对其他的相关知识点和论点进行访问，通过这种方式来拓宽视野，创新思维。另外，由于网络教学不局限于特定的课堂时间和地点，学生可以根据个人情况和学习进度自由地对学习时间进行安排，这也可以促进学生更加积极主动地学习。对于高校积极开展的特色网络课程，政府一直持鼓励态度。此外，高校还鼓励教师提供自己的信息资源、知识资源，并且制定了相关的鼓励政策。这可以更好地促进教育资源、数据资源、硬件资源和软件资源的共享，让学校的学生可以跨学校选择班级，通过在线教学，校外学生所获得的学分可以被识别和转换，这可以促进学生的个性化成长。此外，随着网络教学的发展，那些教学条件落后的边远山区的学生也能够接受具有较强教学能力教师所提供的教学，及时了解教育法规和政策资讯，接收到更多的教学资源。网络教学实现了对学校和国家界限的突破，学生能自主决定接受教育的方式。

网络提供了丰富生动的信息资源，并且其也是强有力的互动平台，学生可以迅速地获取所需信息，并获得与教师、同学有更多交流和沟通的机会。在网络教学中，在向学生深入解释知识内容的过程中，师生之间可以深入分析某个问题并相互交换意见。教师可以及时得到学生的反馈，以改进他们的教学方法。借助网络，学生可以通过教学平台与其他研究人员，博物馆、图书馆以及其他学生或网络上的信息资源进行交流，对自身的进步与不足有一个整体的认识，基于此对自身的学习进行调整，以实现自身能力的不断提高，进一步实现自身知识水平的提高。

到目前为止，已经有许多高级教师不再局限于教授学生有限的知识，而是注重培养学生的自主学习能力。对于不同的学生，他们的个性、智力、学习兴趣和学习能力是不同的。基本上采用统一教材、教学时间表和人才培养计划的传统课堂教学效果欠佳。在教育中应该考虑到每个人的独特性，考虑到不同学生的不同差异。基于网络的高校课堂教学模式使得传统的以教师为中心的教学模式得以转变为以学生为中心的教学模式。基于网络的课堂教学可以借助独特的信息数据库管理技术，全面地跟踪和记录学生的学习历程、阶段以及个性数据，并妥善地存储。教师通过对数据的分析可以充分了解学生的差异，从而精准地安排学习进度、选择教学方法和教学材料，并为学生提供量身定制的个性化学习指导。学生在教师的指导下，从自身的实际情况出发，对学习知识进行选择，以实现个性化教学。

不论是坚持传统的教学模式还是对网络教学模式进行推广，本质上都是为了培养学生的自我学习能力，激发学习兴趣，协助学生做出准确的判断，并尽快掌握相关的知识和技能。这样的高校毕业生才能在毕业之后在各行业的竞争中取得优势，成为有价值的人才，也不会因为社会发展的变化而被边缘化。为了提升教学效果，网络课堂教学模式整合了教师的教学资源，并且借助先进的信息技术对教学条件进行设计，采用基于项目的教学模式来对教学任务进行分解，让学生能够有意识地分组学习，这极大地激发了学生的学习和参与热情，提高了学生自主学习的广度和深度。因而，我们必须构建多样化的网络职业课堂教学模式。

对于计算机专业而言，实践性的要求自然会比一些专业要高。对于实践教学模式的探索也应该建立在多样化的基础上，不能满足于现有的

教学模式。多样化教学模式探讨过程中，把适合实践课程教学的教学理论方法，如任务驱动法、多元智能理论、分层主题教学模式、“鱼形”教学模式等综合应用到网页制作、数据库设计、程序设计、算法设计、网站系统开发等课程中，利用现代通信工具、互联网技术、学校评教系统，以及课堂、课间师生互动获取教学效果反馈，根据反馈结果及时调整教学方式和课程安排，以有效解决学生在理论与实践结合过程中遇到的问题，在解决问题的过程中逐步提高学生的应用创新能力。

对于实践课程的开设应该是有目的、有层次的。专业课程也是院校学生发展必不可少的一种素质提升方式。计算机专业课程的理论与实践的课程设置与学分的配比情况应该有所改变，理论课程与实践课程应该处于同样的地位，如果说理论知识是良好开始，那么实践课程就应该是完美的结束。既有理论框架又有实践能力，这才是学校应该培养的计算机专业人才。专业实践类课程包括与单一课程对应的课程实验、课程设计，与课程群对应的综合设计、系统开发实训等。每一门有实践性要求的专业课程都设有课程实验，根据实践性要求的高低不同开设对应的课程设计，课程设计为 1～2 个学分。每一个课程群的教学结束后会有对应的综合设计、系统开发实训课，以培养学生的综合开发和创新设计能力。

实践教学的指导理念就是为学生的发展服务，所进行的实践课程与实践活动也应如此。学校可以使用“四位一体”实践教学新模式，训练学生的实践能力。积极开展实验和实训活动，大力开展特色实践教学建设，由“实践基地＋项目驱动＋专业竞赛”共同构建实践平台，实现“职业基础力＋学习力＋研究力＋实践力＋创新力”的人才培养。

院校重视教学质量的监控，包括对课堂教学质量的监控，以及对实践教学质量的监控。完善传统教学质量监控体系，通过听课和评课教学监控制度的实施，保证课堂教学的授课质量。通过及时批改学生的作业，进一步了解课堂教学的实际效果，根据学生学习情况及时对教学方案进行调整。利用先进技术手段，强化课堂教学质量监控。启用课堂监控视频线上线下的功能，各类人员可以根据权限，对课堂教学进行全方位的监督、观摩和研讨等。院校特别强调实践教学质量，包括课程实验、毕

业设计和实训、学期综合课程设计以及学生项目团队的项目辅导等方面的工作。对于课程实验和学期综合课程设计，应严格检查学生的实验报告和作品，并对其进行批改和评价。要求毕业设计和实训按时上交各个阶段的检查报告，并对最终完成的作品进行答辩评分。此外，院校还重视教学质量分析，具体操作为逐级填写教学质量分析报告；教师根据所授课程的学生作业和考试情况，填写课程教学质量分析报告：教研室主任根据本专业教师教学、学生成绩、实习基地反馈意见等综合情况填写专业教学质量分析报告，针对教学过程中的问题，进行分析并进行教学改革和创新，以便为教学研讨和改进提供指导。

根据教育的独特特点，与企业进行合作，建立“校企对接、能力本位”的培养模式，校方与企业应该共同制定评价方案，旨在考核学生综合职业能力，且采用能力为导向的培养方式。在教学中，将持续推行学校规定的“五考核”要求，包括基础素质、普通话、计算机能力、专业技能和学业成绩方面的考核。在以上这些考核标准的基础上，本专业将企业元素纳入基础素质考核中，通过与企业开展交流，在考核体系中加入企业文化知识、产品知识以及操作常识。

在专业技能考核中实现与企业接轨，坚持能力本位的思想，考核学生的综合能力，将专业技能的考核与企业的案例相结合，以此对学生职业能力进行测评。在学业成绩考核评价体系中加入办公自动化、广告设计、企业网组建、综合布线技训等课程的实验报告、任务完成、作品等次等实训过程。将计算机能力考核与社会考证实现结合，注重结合社会考证的实际需求，通过模拟计算机考试的真实环境让学生于在校期间提高取得认证的能力。通过修改考核模式，致力于创建一个学校、企业和社会共同参与的学生评价模式，即“三评合一”模式。

（二）改革路径

1. 实施步骤

以“任务驱动法”为核心的教学模式改革的实施过程主要包括以下 4 个步骤：① 创设情境；② 确定需要完成的任务；③ 学生进行自主学习和协作学习；④ 评价学习效果。

2. 实施阶段

实施以“任务驱动法”为主导的教学模式改革主要分为 4 个阶段。① 调研论证阶段，我们将成立一个由专业技术骨干组成的指导小组，调研论证方法，并在此基础上生成可行性分析报告，为制定相应的改革计划方案提供支持。② 推广阶段，推广思想和方法，主要通过教研活动、教学示范课等实现。③ 实施阶段，由一线教师修定课程内容、改进课堂模式，通过这种方式来执行其教学模式。④ 评价修定阶段，对于实施过程，主要通过学生学业评价、教学课堂效果评价等进行论证和修正、调整，以进一步完善改革模式。

二、计算机专业核心课程教学改革

从目前国内外各高校的计算机专业本科教学指导来看，数据结构依然是这门专业核心课程，多年的教学实践表明，传统的教学模式和教学手段往往不能激发学生对这门理论性强的课程的学习兴趣，易产生倦怠和惰性，学习成效很低，无法达到教学目标的要求，因此，教学改革势在必行。本专业分为高级语言程序设计课程教学改革实践、软件工程课程教学改革实践、面向对象程序设计课程教学改革实践、数据结构课程教学改革实践、数据库原理与应用核心课程教学改革实践、综合实训课程教学改革实践 6 部分。

（一）高级语言程序设计课程教学改革

现有的 C 语言程序课程的教材大都存在以下明显的特点：重视语法结构的讲解，所给出的案例大多是科学计算的编程问题，例题之间缺少意义或知识结构上的关联。我们发现，如果仅按教材的内容按部就班地进行讲解，会导致学生在学习中只能被动地接受一个个孤立或者断裂的知识点，难以形成比较系统的知识架构，无法激发学生的学习兴趣。为此，本专业整理了大量 C 语言程序设计的编程实例，将这些例题按 3 个层次在教学过程中逐步呈现给学生，以提高课堂教学质量。这 3 个教学层次具体如下：基础学习，掌握语法结构；拓展案例，解决实际问题；项目驱动，激发学习兴趣。

第一，基础学习，掌握语法结构。掌握语法结构是编写程序的基础，没有正确的语法，程序不可能通过编译，也不可能检验任何编程思想。因此，掌握正确的程序设计语言的语法结构，是学生建立编程思想、解决实际问题的基础。若想帮助学生打好语法基础，可以从现有教材里关于语法知识的例题入手。以程序设计的 3 种结构简单举例说明。

顺序结构：求三角形的面积问题等。

分支结构：求分段函数问题等。

循环结构的 n 个数相加问题：求 n！问题等。

循环结构和分支结构嵌套：找水仙花数、找素数问题等。

这些例子因为求解思路明确，特别方便用于解释程序结构，因此是现有教材中的经典例题。但这些例子过于严肃和单调，与当代计算机便利有趣的形象相去甚远，学生不禁会问：我们学这些程序设计的语法到底有什么用？

第二，拓展案例，解决实际问题。为回答上述学生的问题，在学生掌握了教材内容相应的知识点后，从教学案例资源库中选取一些解决生活中有趣的实际问题的案例，让学生思考练习，并进行讲解。一方面，可以提高学生的学习兴趣；另一方面，在讲解的过程中也有意识地渗透当前计算机领域的科技前沿知识，培养学生的大数据思维。

第三，项目驱动，激发学习兴趣。C 语言程序设计课程要求学生在修完课程内容后，完成相应的课程综合实训练习，即完成一个小项目系统。例如，可以设计一个简单的项目系统——个人财务管理系统，贯穿整个程序设计的教学过程。一方面激发学生的学习兴趣，另一方面也帮助学生对课程综合实训练习做一些心理和知识的准备。教学案例的整理，使得在 C 语言程序设计课程中开展分层教学具有很高的可操作性，使得教师能够依据具体的案例，贯彻“从程序中来、到程序中去”的教学指导思想，逐步提高学生的编程能力。

课堂教学是向学生传授知识的重要环节，有利于提高课堂教学质量，对帮助学生掌握学科知识、提高能力尤其重要。例如，在探索高级程序设计语言的教学方式方法上，广西师范学院学科教研组的教师在教学过程中不但积极将案例法、项目驱动法等新的教学方法引入课堂教学

中，还认真学习各种新的教学理论，并将其融入程序设计的课堂教学中，如将支架理论、有效教学理念、双语教学思想引入课堂教学，形成了自己的教学特色。在建构主义教学模式下，支架式教学是被广泛应用的一种教学方法。在教学过程中，学生可以依靠父母、教师、同学及其他人所提供的帮助，完成那些原本他们无法独立完成的任务。学生在心理发展过程中需要借助社会、学校和家庭提供的各种辅助物促进自身成长，这些辅助物就被称为学生心理成长支架。

“最近发展区”的理论为教师指明了如何在教学过程中作为指导者参与学生的学习，同时也清晰地解释了“学习支架”的意义。该理论将学生已掌握和未掌握、能胜任和不能胜任之间的区域称为“最近发展区”，这个区域的任务需要学生借助“支架”才能完成。教师要在教学过程中为学生提供适合的支架，帮助学生建构“最近发展区”并帮助其顺利跨越这个“最近发展区”，让学生不断提高自身能力，掌握更多的知识。此外，教师需要根据学生的实际学习情况和能力水平不断调整和干预学习过程中的支架，在学生的“最近发展区”内进行教学，利用支架来帮助学生培养问题探究和问题解决的能力。

在教授高级程序设计语言时，学生常常难以理解与内存相关的概念，如变量名和对应的值、变量的存储类型、生命周期和可见性，以及函数的定义、调用和参数传递等。这些抽象的概念让学生感到困惑，很难理解。这些概念通常是程序跟踪和调试以及理解程序运行机制的关键因素。因此，学生在学习 C 语言程序设计时，经常遇到概念不清晰的困扰，阻碍了他们掌握知识的进程。学生对上述概念感到困惑和不理解，主要是因为他们缺乏对于 C 语言中变量和函数与内存地址空间绑定的基本概念的理解。当前的 C 语言教学方法注重学习语言规范和编写程序，却很少涉及高级语言程序的实现方法。

高级语言的实现方式在编译原理和编译方法课程中得到了广泛的研究。学完“高级语言程序设计”课程之后，学生可以继续学习“编译原理”课程。在关于存储组织课程的“编译原理”中，明确地阐述了运行时栈式存储的常见划分方式。

在实际的教学过程中，教师为学生讲解 C 语言中关于变量的生命周期和可视性、函数参数的传递方式等与程序存储分配相关的概念时，很难为学生详细讲解编译的具体原理，这时可以为学生搭建支架以帮助学生理解这些抽象的概念，可以让学生观察变量在程序运行过程中的存储位置和活动，让学生加深理解。在高级程序设计语言中，函数的参数可以通过值传递或地址传递进行传递。学生在理解程序运行结果在不同参数传递方式下变化这一概念上可能会遇到许多困难。编译原理课程中的编译系统可以用来帮助学生直观地理解两种参数传递方式的不同。教师可以将函数活动记录作为知识“支架”，利用编译系统为函数活动记录分配相应的存储区。这些记录包括函数、参数、个数和临时变量，而它们的分配顺序基于各个函数的调用顺序。学科教学团队在探索高品质教学的实践中，运用支架理论将C语言概念教学与编译原理的程序运行时存储分配相结合，帮助学生理解和掌握“变量生命周期和可视性”和“函数参数传递方式”等概念，顺利完成重难点知识的教学，使学生充分理解所学内容，获得更好的学习效果。

近年来，孟照彬教授所提出的“有效教育”（Effective Education in Participatory Organizations，EEPO）理念备受教育界关注。这个理念的理论与操作体系致力于探寻加强素质教育、提高教学质量的新途径，根据我国基础教育和大部分学校的实际教学情况，找到能够在学校师生间的教育活动中得以更为充实和切实发挥作用的新方法。EEPO是由思想、理论和方法三大体系构成的，其范围涵盖了教学学习、评价、备课、管理、考试、课程、教材等众多方面。EEPO的教学方法涉及十大主流课型，其中包括要素组合课、平台互动课、哲学方式课和三元课等。这些方法具有较强的操作性和实用性，也更容易被教师理解。与以往以知识为前提的教育不同，EEPO注重发展综合能力，这种教育以思维为基础，旨在培养学生的个性表达和创新能力。在接受培训后，学科教研组的教师以有效教学理论为指导，采用要素组合的方法来组织C语言程序设计的课堂教学，这能够有效提高C语言程序设计课程的教学效果。

在EEPO操作系统课程中，有12种不同的教学方式可供选择。其中，要素组合方式、平台互动方式和三元方式这3种基本教学方式具有基础性特征。教学方式的选用取决于课程内容和学生需求，通常使用要

素组合的方式进行教学。下面以专业教师在讲授“选择结构”课程时的教学方法为例进行解释。虽然 if 语句在选择结构中属于基础且简单的语句，但如果不能理解其含义，就可能会与随后的循环语句混淆。因此，在策划教学计划时，每个关键知识点都应该采用多样化的方法和元素结合进行教学。举个例子，通过案例演示引入，引导学生运用思考、讨论和实践等方式深入理解 if 语句第一种形式，在此过程充分融合视听、思考、口语和排练等要素。如果学生掌握了第一种形式，那么后面的两种形式就会变得更容易理解。每隔 8～10 分钟让学生活动和休息，这样可以帮助学生恢复体力，同时也有助于提高学生的专注力和学习效率。通过这种方法，学生能够更加全身心地投入到学习中去，从而更积极主动地学习。

以往的程序设计课程考核大多采用笔试的方式，这使得程序设计课程由一门以培养编程技能的课程，变成了考核学生死记硬背课本知识点的理论课程，这大大违背了提高学生计算思维能力、利用程序设计解决实际问题的教学目的。为改变这种学生靠考前突击强背知识点和题目也能考出高分的不当现象，我们进行了程序设计课程考核方式的改革。新的考核方式依托教学资源库中的在线评测系统，对学生的实际编程能力进行考核。

具体将课程考核成绩分为两个部分：50%为平时成绩，50%为期末考试成绩。平时成绩的评价要求学生登录评测系统完成相当数量的程序设计题目，若没有完成指定数量的题目，则取消本学期学生参加期末考试的资格，学生只能申请下个学期参加期末考试。若学生完成指定数量的题目，则根据学生完成题目的质量，对学生进行适当的评分。期末正式考试也在评测系统上进行，教师通过评测系统了解学生实际编程能力，以此为依据设计不同难度的考题，并设定好考试时间，组织学生在机房考场登录评测系统，在规定的时间内完成考题。

进行考核方式改革后，学生普遍认为学习的压力大了，动力也大了。很多学生逐渐改掉了一回宿舍就玩游戏的毛病，变为抓紧时间上系统做题，并形成了在宿舍与志同道合的同学共同讨论解题思路、共同学习、共同进步的良好学风。学生的实际编程能力和学习效果在实践中也得到了明显的提高。

（二）软件工程课程教学改革

1. 软件工程课程教学改革的背景

软件工程课程是计算机类专业的一门重要专业课程，在学科教学中有着重要的地位。同时，由于其理论性与实践性较强，因此一直以来都是计算机专业学科教学的难点。对于软件开发来说，软件工程是必须掌握的核心知识与技能。对于将来从事软件开发工作的学生，掌握软件工程学知识至关重要。

因此，必须加强软件工程课程的教学工作。现在的软件工程课程教学存在一些问题，比如不少教材内容比较陈旧、知识结构不完善、缺少实践环节，有的教材所教授的知识和技术落后于时代发展与应用实际的内容，有的教材则忽视了某些方面的核心知识，对相应的内容仅仅是一带而过。

在当前的时代下，软件工程技术的更新与发展越来越快，对于学科教学来说也同样如此。因此，如何在内容上进行及时更新，展现软件工程的新发展，成为困扰软件工程教材建设的关键问题。软件工程在教学上的问题主要表现为太注重基础理论与知识传授，实践和实训课时少，对创新能力的培养不足。

为此，很多学校采用基于项目的教学法进行教学。但是课堂教学中的项目实践与真实的软件开发环境相比还有较大的差距，这种差距主要表现在如下方面：用户需求与软件架构都是教师预先设定好的，项目开发的流程较为固定，为了保证课堂教学的顺利进行，需要保证项目在可控范围内，对于用户需求来说，也不会出现不兼容或不合法的情况。此外，软件工程课程的教学内容是针对较大规模的软件项目开发而设计的，很多知识建立在实践经验基础之上，传统板书式教学是一种注重理论知识传授的教学方法，对于学生来说，他们大多没有参与过实际的项目开发，因此也不具备相关经验。

因此，难以把握住软件工程课程的关键，从而在课程的学习过程中产生虚无感，这会使软件工程课程的教学仅仅停留在形式的层面，进而使

学习效果大打折扣。所以，探索软件工程课程改革具有重要的现实意义。

对软件工程课程教学进行改革应实现以下目标：以市场需求为改革方向，以应用型人才培养为目标，按照社会需求确定培养方向，采用适应多层次的课程体系，全面加强素质教育，调动学生学习的主动性和积极性，使学生在理论和实践两方面的能力都得到培养和提升；可以学习借鉴国内外软件人才培养经验，对教学模式、教学方法、教学内容设置、课程设置等内容进行改革；以软件企业的实际需求为依据，以工程化为培养方向，对软件工程课程的人才培养模式进行改革，培养出具有一定竞争力的复合型、应用型软件工程技术人才。

2. 软件工程课程教学的改革实践

在软件工程教学实践中，实践教学所营造的软件开发环境难以达到实际软件开发环境的程度，这一直是困扰软件工程教学的难题。由于实践教学与实际环境存在较大的差异，因此使得教学难以满足软件开发尤其是较大型软件开发的需要。在传统的软件工程课程教学中，教师以教材为教学的主要内容，以板书的形式向学生教授软件工程的相关理论知识和实践技能。这种方式对于学生解决实际问题的能力培养来说，并不能起到很好的效果。

另外，虽然在传统的软件工程教学中也含有实践环节，但是在课时、实施条件等因素的限制下，实践课程所提供的项目往往是较为简单的，难以体现出软件工程的复杂性和内在本质。对于软件工程课程的教学来说，模拟教学法所营造出的软件工程开发环境更接近实际，因此可以通过实施模拟教学法实现软件工程课程在教学上的改革。

以模拟教学法开展软件工程的教学，就是使学生在更为接近现实软件开发的环境中进行相关理论与技术的学习，围绕教学内容，对软件开发环境进行模拟。软件工程的模拟教学需要借助模拟器进行，具体来说，模拟器应满足以下要求：能够体现软件工程的基本原理与技术；能够反映通用的和专用的软件过程；使用者能够进行信息反馈，以便让使用者做出合理的决策；易操作，响应速度快；允许操作者之间进行交流。

综合国内外软件工程模拟教学实际，当前软件工程课程主要使用 3

种模拟器实施模拟教学，这 3 种模拟器分别为业内或专用的模拟器、游戏形式的模拟器、支持群参与的模拟器。

（1）业内或专用的模拟器教学法

业内使用的模拟器是一种综合当前通用或者专用软件开发过程中特定问题的模拟器，如软件开发中的成本计算、需求分析、过程改进等。由模拟器向操作者提供输入指令，操作者进行信息的输入，最终得到结果输出。在模拟过程中，操作者可以依据中间结果，对有关参数和流程进行调整和改变。在使用业内或专用的模拟器教学法时，往往从简单的任务入手，随着教学过程的发展，模拟过程也不断深入，不断增加任务难度，从而达到对软件开发周期的全面覆盖。

（2）游戏形式的模拟器教学法

运用业内或专用模拟器随着模拟过程的深入，任务的难度会不断加大，考虑到学生实际水平等方面的因素，运用在教学实施上有一定的难度。此外，在业内或专用模拟器教学中，虽然操作者能够实现对参数的调整，但是在交互的效果上并不是很好，这也为学习者在使用上增加了难度。而以游戏的形式实现软件工程的模拟，对于学生来说更愿意接受，学习的积极性也更高。游戏形式的模拟器通常具备以下功能。

① 以技术引导操作者完成软件开发。

② 能够演示一般的和专用的软件过程技术。

③ 能够对操作者作出的决策进行反馈。

④ 操作难度小，响应速度快。

⑤ 具备交互功能。

（3）支持群参与的模拟器教学法

实际的软件开发通常都是由团队完成的，团队成员间的交流与合作是影响软件开发的关键因素。支持群参与的模拟器的特点就在于对团队工作环境的模拟，通过模拟器，实现群体的讨论与交互。在支持群参与的模拟器教学法下，每一个部分的参与者都能够通过模拟器实现相互间的讨论与交流。

基于项目驱动的教学方法源于建构主义理论，它以项目开发为主线组织和开展教学，在教学过程中，学生居于主体地位，教师负责对学生

的实践过程进行指导。任务驱动教学法在特点上始终坚持以任务为中心，实现了过程与结果的兼顾。在项目驱动法的教学中，教师负责将学生引入项目开发的情境中，通过对项目开发中所遇到问题的解决，实现学生对于软件开发知识的探索和掌握。

对于项目问题的解决，也应以学生为主体，通过学生间的交流与合作完成，教师则负责对学生提供相应的指导。实施项目驱动教学法的目的就在于将学生置于软件开发的任务之中，以任务激发学生的积极性，使学生在完成任务的过程中建构起自身的知识结构，得到综合能力的锻炼。这里所说的项目，不仅可以指教师在课堂上给学生布置的大题目，也可以指直接与企业进行合作，利用企业当前正在开发的项目。我们在课堂上通常难以为学生提供真实软件开发的环境，那么可以走出去，到基地进行实习和实训。一个实际的典型的软件项目在很多方面对于开发者来说是具有挑战性的。开发者要了解项目背景；用户需求是不断变化并且不一致的，开发者必须与用户进行深入交流；开发团队的成员对所采用的技术还不是很熟悉，可能会遇到一些没有预先估计到的技术问题。此外，技术外的因素也是需要考虑的，比如，团队中成员如何进行沟通，他们对其他成员的工作风格、习惯等是否接受等。

基于项目的教学，其目的有以下 4 个方面。

第一，让学生在一个与真实软件开发相近的环境中进行学习。使学生成为学习的主体，实现学生的自主学习。在任务的驱动下，学生为了解决任务中出现的问题、完成任务，就会主动搜寻相关信息，使学生通过主动的学习行为获得知识的积累。

第二，培养学生团队合作的意识和能力。软件工程的项目通常需要团队共同完成。在项目驱动的教学过程中，项目的完成需要以小组为单位，学生会被分为若干小组。项目的完成就成为小组共同的利益，小组中的每一位个体都会对项目的完成情况产生影响。不同于单人完成的任务，在小组共同完成任务的过程中，小组中的成员难免会出现分歧和争论，只有通过相互的交流和协调并达成共识，以小组的集体利益为重，通力合作，才能够顺利地完成任务。这就使得学生既获得了技术和知识的锻炼，又培养了团队意识与能力。

第三，培养学生分析和解决问题的能力。任务设计之后，学生需要对任务进行讨论，自主地分析任务，提出问题。通过讨论和分析，学生的主动性和创造性能够得到充分的发挥，使学生在主动的参与过程中提升分析和解决问题的能力。对于学生来说，这方面的能力不仅是软件开发所必备的能力，对于其他领域来说同样是一项重要的能力。

第四，培养学生的实践创新能力。创新的实现离不开实践。在任务驱动的软件工程教学中，各个小组所面临的任务是相同的，但是不同的小组所提出的解决方案却各有不同。这是由于不同的学生在知识背景上有所不同，对于不同的任务学生也有着独到的理解。学生在完成任务时，会基于自身的理解进行创新性的设计。任务的提出能够引发学生的创新思维，任务的实现能够将学生的创新思维转化为实践，这就使得学生的创新思维和能力得到提高。综合来说，在软件工程课程中实施基于任务驱动的教学方法，最大的优势就在于能够充分发挥学生的主动性，使学生在主动进行学习和实践的过程中获得多方面素质和能力的提升。

（三）面向对象程序设计课程教学改革

面向对象程序设计课程是一门理论性和操作性都很强的课程，也是高等院校计算机科学与技术、软件工程专业学生必修的一门核心专业基础课程。对该课程知识掌握如何，对于学生能否轻松学习其后续课程（如操作系统、计算机网络、软件工程、算法设计与分析等）具有重要的影响。同时，面向对象程序设计语言是第四代编程语言，又是目前软件开发的主流工具。因此，该课程所涉及的编程思想是一种全新的思维方式，其教学目标就是要求学生应用所学的专业知识解决实际问题，是学生从事计算机行业所必须具备的关键专业知识。该课程在计算机学科整个教学体系中占据非常重要的地位。对于面向对象程序设计课程来说，其具有设计知识点多、语法结构抽象复杂等特点，这也使得学生学习和掌握这门课程具有一定的难度。因此，我们应对面向对象程序设计课程的现状进行分析，找出其存在的问题，针对性地进行教学改革。具体来说，传统的面向对象程序设计课程主要存在以下几方面的问题。

第一，理论教学上的问题。教师在面向对象程序设计的课堂教学中，

普遍采用理论教学加实践操作的教学方法。但是在理论教学中，教师对于知识的讲授往往存在一定的问题。大多数教师在教授理论知识时通常将其作为纯粹的理论知识，将语法规则和语法的使用作为教学的重点。实际上，这门课程的核心内容在于培养学生面向对象的思维能力和以面向对象的思维分析、描述和解决问题能力。教师在教学重点理解上的偏差，导致课程成为枯燥的理论教学，学生普遍缺乏兴趣和积极性，无论是教师的教还是学生的学，都难以取得理想的效果。

第二，实践环节上的问题。面向对象程序设计的实践教学主要是通过设置专门的实验课来完成的，由教师对实验题目进行布置，学生则利用实验课上机完成实验题目。这种实践方式存在 3 个方面的弊端。首先，理论课与实践课分开进行，这导致二者间原本紧密的关系变得松散。面向对象程序设计的理论课本就十分枯燥，学生的学习兴趣不高，再加上实践课与理论课存在一定的时间间隔，学生在上机实验时，早就遗忘了理论课所学的知识，从而导致上机实验效率不高，对学生能力的训练效果有限。其次，实验题目往往只是一些验证型的题目，对于学生实践能力的培养来说，其真正需要的是那些针对性和设计性强的题目。这种验证型的题目往往难以使学生提起兴趣，也不能够起到培养学生创新精神的目的。最后，上机课的学生数量较多，而通常只有一名教师负责对上机的学生进行指导，学生在上机完成实验的过程中，难免会遇到一些问题，学生就需要向教师进行提问，由于教师精力有限，因此面对大量的学生提问难免力不从心，从而出现回答问题不及时、忽略某些学生问题的现象，这就会使学生的信心和积极性受到打击，影响学生学习的主动性和学习效果。

第三，教学手段上的问题。由于多媒体技术在教学中的普及和快速发展，不少教师在课堂教学中都会利用多媒体技术以课件的方式进行教学，这样不仅能够使课堂教学中的信息量得到丰富，还使教师的工作负担得到减轻。但是课件教学与传统的板书教学相比也存在着一定的弊端。在对问题进行分析和解决的过程中，板书能够呈现出完整、严密的逻辑推理过程。而课件中的内容大多是信息化的，难以对推理的思维逻辑进行完整呈现，学生在课堂教学中也难以从整体上对程序演进的过程进行把握。同时利用课件教学还会导致课堂教学节奏的加快，有时学生还没有完全消化当前的知识点，教师就已经开始下一个知识点的讲授了。

第四，教学对象分析上的问题。当前不少高等院校的学生在学习能力上还有待增强，其学习习惯较差，具体表现为自我管理能力差，缺乏学习积极性，在学习中遇到一点问题、遭遇一点挫折就会放弃学习。进入高等院校学习后，学生更应强调自主管理学习和生活。有的学生在进入较为宽松的学习环境后，一时难以适应，导致其对于学习和娱乐不能进行合理的分配，将学习时间用于娱乐成为不少学生的问题，他们将大量的时间投入玩游戏、看影视剧、交友等活动中，对于学习的兴趣和积极性不足，投入的时间也较少。还有的学生在进入较为宽松的学习环境之后，就不再坚持中学时期形成的良好学习习惯了，在学习之外的事物上耗费大量的精力，平时不抓紧学习，一遇到考试就突击应付。在这种不良的学习状态下，学生是很难实现对专业知识的积累和专业技能的提高的。

课堂教学内容的改革实践包括如下方面。首先，在课堂教学中可以采用对比的方法进行相关知识的讲授，即将面向对象的程序设计与面向过程的程序设计进行对比，通过对比加深学生对于面向对象的程序设计的相关理念、知识、逻辑关系等方面的理解；明确面向对象的程序设计的独特之处及其与面向过程的程序设计之间的区别，从而更好地促进面向对象程序设计课程的学习。通过实际的程序，能够很好地向学生说明不同于面向过程程序设计，面向对象程序设计强调的是方法和属性的封装，对象的输出方法只能按类方法的定义，输出对象内部的数据。同时，也向学生展示了面向对象程序设计中“构造方法”的重要技术，能够帮助学生对面向对象程序设计建立正确的认识。其次，在教材的选择上应尽量选择那些项目化的教材。传统的教材主要以理论作为教学的主要内容，不重视案例，即使有一些案例，其设置也较为分散。而项目化的教材则设计和编写了完整的项目，并以项目为主线编写课程教学内容。

对于高等院校计算机专业的教学改革来说，实施项目驱动式的教学是教学方法改革的重要内容，对于面向对象的程序设计课程的教学改革

来说，也应实现项目驱动式的教学，选择项目化的教材也符合课程教学改革的要求，从而将课堂教学中的理论与实践教学融为一体，以任务驱动学生的自主学习，通过真实环境的模拟培养学生的综合素质。

实践课程教学改革应结合高等院校学生实际的学习能力和学习现状，对于面向对象程序设计课程教学改革来说，将实验的讲授与实践相结合是一种合适高等院校学生实际的教学方式。在实验的选择上，教师讲授的实验与学生实践的实验应有所区别。教师讲授的实验应选择验证型实验，学生实践的实验则应选择项目型实验。这种教学方法的具体实施就是教师以验证型实验为案例进行知识的讲解，通过案例讲解，学生能够更容易地理解知识，对于知识的理解也更深刻。在实践环节中，教师则选择项目型实验为案例，对其进行讲解，并要求学生完成项目型实验的实践，通过完成项目型实验实现学生知识结构的构建。在课程设计环节中，则应设计与所讲案例相符合的项目，将学生分为若干小组，以小组为单位完成任务。在设计项目时，应考虑到项目的难度，项目要使学生既能够完成又能够锻炼学生的能力。

在教学模式和教学手段的改革实践过程中，利用课件进行教学，既有一定的积极作用，也会带来一些不利的结果。因此，教师在改革课堂教学时，不能以一种方法完全替代另一种方法，而是将多种教学方法结合在一起。首先，对于课件教学来说，在制作课件时，对于面向对象的重要概念，可以通过可视化的方式对其进行呈现，从而将学生的注意力吸引到概念上，降低学生理解抽象概念的难度。其次，在编程实例的讲解过程中，对于编程的分析、设计、调适都应该在课堂教学的现场中进行，使学生能够更加直观、深刻地学习编程知识和提高调试能力，提高学生编程和调试的实际能力。最后，教师还应充分开发网络教学资源，以对课堂教学进行辅助。例如，教师可以录制有关教学内容的总结性的短视频，便于学生随时观看和复习相关知识点。同时教师还应鼓励学生利用互联网进行自主学习，如通过互联网查询一些有关面向对象程序设计或相关问题解决的具体实例等，形成对课堂教学内容的补充。

在面向对象程序设计的教学中，为培养学生的编程能力和解决问题的能力，还应该探索双语教学模式。对于计算机专业的学生来说，英语对专业名词的掌握、相关文献的阅读、技术能力的提升都有巨大的作用。我国大部分的高等院校学生自身英语能力不足，这使得学生在学习计算时一旦遇到英语提示信息，就会感到茫然，产生畏难情绪。可见，关于程序设计的计算机专业英语词汇对于学生学习兴趣的培养、编程能力的提高具有重要的影响。双语教学即在课堂教学中使用母语之外的语言进行教学，从而实现学科知识与第二语言知识的同时发展。对于面对对象程序设计课程的改革来说，双语教学是一个值得探索的方向，实施双语教学，对于面对对象程序设计课程教学来说也有一定的积极效果。

首先，在教材上，由于原版英文教材内容较多，且在条理性上与中文教材存在较大差别，另外在实例的难度上也较大，对于学生的学习来说较为困难。使用英文原版教材进行双语教学，会造成有限的课时与过多的教学内容之间的矛盾。因此，在双语教学的教材选择上仍应选用中文版教材。同时，对于教学团队，还应提出以下要求：一是对教材的内容进行总结归纳，力争更有条理性，提炼出让学生重点掌握的内容；二是对常见的编译错误提示信息、程序设计中的重点英语名词进行收集和翻译，以便在课堂上能够随时提醒学生注意记忆。

其次，面向对象程序设计是学生接触到的第一门面向对象程序设计语言，也是现代主流的程序设计语言。由于学生基础较差，难以抓住学习重点，因此，在授课过程中，要求任课教师认真地组织教学内容，突出重点，加强实例教学，通过实例讲解让学生更易于掌握所学内容。具体做法如下：介绍课程的主要内容、重点和难点，介绍教学内容中的主要关键词及其对应的英语单词；结合课本实例和在编译环境的帮助下对文档中一些简单的实例逐一讲解知识点；根据拓展例子引导学生解决实际问题，培养学生的学习兴趣。

最后，大量的教学实践可以证明，学生在知识水平和能力上确实存在差异，具体到面向对象程序课程的双语教学来说，这种差异主要体现在外语与编程两方面的水平与能力上。外语水平高的学生很快就可以掌握在编译环境中如何利用帮助文档寻求语法帮助、如何根据提示信息对程序错误进行查找和改正，因此这部分学生编程能力提高很快；外语水平低的学生遇到的困难较大，编程能力提高较慢。因此，在面向对象程

序设计课程的双语教学中，必须关注到学生在能力上的个体差异，同时在内容和进度上进行适当的安排，以兼顾不同水平的学生：一是可以对学生的水平进行调查，找出那些水平较差的学生，对其进行针对性的教学；二是针对不同水平的学生安排不同的练习与实践内容；三是对水平较差的学生进行课后辅导，逐步提升他们的能力水平。

从效果上来说，通过双语教学，学生在编程环境中能够翻译提示信息和文档中的英文实例，在对学生的英语能力提升产生积极性效果的同时，还能够加深学生对于程序设计的国际化特征的认识。但是也应注意到，由于学生英语水平的限制，会造成学生花费大量的时间学习英语以适应英语教学，反而影响了学生在编程能力上的提升。

（四）数据结构课程教学改革

数据结构课程主要涉及线性表、树、图等主要数据结构的特点及其基本操作，其中线性表难度最低，与C语言课程的内容衔接最紧密，树和图难度较高，对学生的要求也高。根据教学内容的特点，结合学生的学习能力、水平，我们在设计数据结构课程综合设计题目的时候，按层次教学的思想，将题目分为基础题和培优题。其中基础题以教学资源题库中的系统类题目为主，设计的模块主要是让学生在C语言课程实践中完成的系统基础上，利用数据结构的知识进行完善，将两门课程的连续性充分设计到综合设计题目中，让学生更具体地体会到两门课程的侧重点。培优题以题库中的算法题为主，所设计的模块任务主要是让学有余力的学生能进行自我挑战，对复杂数据结构及其应用场景有初步认识。下面以基因表达式编程算法为例说明培优题的设置要求。当然，在学生开始设计算法之前，需要教师给学生培训GEP（Gene Expression Programming，基因表达式编程）算法的原理和各个模块的功能。

智能算法综合实践题目的模块设计充分考虑了学生的能力和水平，其中每一个模块在整个算法框架下都可以独立检验。学生选择这类综合实践题目，可以采用多种方式获得分数。

一是学生可以选择独立完成，独立完成的时候学生若完成所有模块，并能正确运行，则可以获得满分；若完成必须完成的模块后，可选模块只完成其一，也能够获得满意的分数。

二是允许学生组成小组进行分工，共同完成所有模块，共同实现一个完整的智能算法。

数据结构是计算机专业的一门核心基础课程，通过分析这门课程各自的教学侧重点，厘清这门课程对学生能力要求的连续性和差别性。在改革这门课程综合实践题目的时候，充分利用教学资源库中的综合设计类题库，以简单系统设计为主，采用逐渐完善系统的方法，把这门课程所要求的知识点以模块化的方式添加到系统功能的设置中。这样的改革充分考虑了大部分学生的学习能力和技能水平，使学生能够学以致用，对数据结构这门课程所要求的知识点有具体而连贯的认识。同时，也要考虑尖子生“吃不饱”的状况，在数据结构综合实践课程中，根据复杂数据结构在智能算法中的应用场景，设置智能算法模块实现的题目，向优秀的学生提供开启高级智能算法学习的钥匙，达到逐渐培养学生的大数据思维，进一步提高学生的编程能力和专业素养，培养学生应用专业知识解决领域问题的目的。

（五）数据库原理与应用核心课程教学改革

1. 数据库原理与应用核心课程教学改革的背景

数据库技术是信息和计算科学领域的基础及核心技术之一，数据库原理与应用课程也是计算机专业的一项核心课程。数据库原理与应用课程的教学质量直接影响学生后续课程的学习，也会对学生毕业设计的质量产生影响，直接关系到计算机专业人才的培养质量。要实现数据库原理与应用课程的改革，就必须以培养应用型、创新型人才为目标，对数据库原理与应用课程在计算机人才培养上的作用和地位进行深入分析，找出数据库原理与应用课程教学中存在的问题，从教学内容、实验教学、创新能力培养、教学方法和手段以及课程考核等多方面实现数据库原理与应用课程的改革，为培养高素质、高技术的应用型和技能型计算机人才提供必要的保障。

通过对数据库原理与应用课程的教学实际以及教学效果进行研究可以发现，当前其相关的后续课程如软件工程、动态网站设计难以正常

开展，学生毕业设计的质量也不高，教学效果差。对这些问题进行分析可以发现，造成数据库原理与应用课程教学效果较差的原因主要有以下4个方面。

一是课程教学内容不符合社会的实际需求。

二是实践教学环节薄弱，不利于学生创新能力的培养。

三是教学方法和手段缺乏多样性，难以激发学生学习的主动性。

四是现行的考核制度难以实现对学生学校的综合评价。

在实际的工作中，数据库技术有着广泛的应用。要想使学生在毕业后能够更好地适应工作需要，就必须加快数据库原理与应用课程的教学改革，不断提升这门课程的教学质量，这样才能使学生获得良好的学习效果，掌握企业所需要的应用能力和技术。

在数据库课程教学过程中，教师不仅要重视数据库理论的教学，更应重视对学生实际操作能力的培养，要理论联系实际。原理为应用提供理论依据和保证，应用为原理提供佐证。通过将二者进行整合优化，再结合课堂教学、课内实验、综合课程设计等环节，使学生在学习数据库原理的同时进行实际应用，不仅能加深学生对原理的理解，而且能加强学生实际应用数据库技术的能力，提高学生分析问题、解决问题、创新与实际应用的能力，并为学生后续课程和以后就业打下坚实的基础。

2. 数据库原理与应用核心课程教学改革的实践

课程的理论与实践之间有着紧密的联系，通过对数据结构原理与应用这门课程的特点进行探索和研究，对数据库原理与应用课程的改革可以从以下3个方面进行。

（1）以理论与实践并重为原则开展教学

① 以理论与实践并重为原则对教学大纲进行修订

数据库原理与应用课程的教育目标是培养社会需求的数据库应用人才，这就要求人才既具有扎实的理论功底，又善于灵活运用且富有创新意识。我们结合招聘单位对人才技术的需求、专业的培养目标及专业定位，每年组织教师定期修订教学大纲和教学计划，并要求教师严格按照修订的教学大纲进行教学。适当压缩数据库部分次要的理论内容教学，强化数据库的实验教学。另外，该课程的教学除了常规的理论教学和实验教学外，还设置了综合课程设计作为该课程常规教学的延伸和深化。

在数据库原理与应用核心课程教学改革的过程中，对于学时也可以进行一定的调整，从理论课程的课时中抽出一部分分配到实践课程中，从而为学生提供更多的实践机会，提高学生的实践能力。同时，根据课时的变化，还应对相关的教学内容作出一定的调整。由于理论课课时有所减少，因此对于理论性较强的内容可以做适当的删减。由于实验课时有所增加，因此可以加入数据库操作、权限管理、数据库访问接口和数据库编程等内容，从而有效提高学生的实践与应用能力。大数据是当前时代发展的一个重要趋势，因此对于数据库原理与应用课程来说，还应该适时加入有关海量非结构化数据的管理与分析技术等方面的内容。

同时，还要不断更新数据库原理及应用课程的实验教学环境，及时将数据库原理与应用核心课程教学相关的软件更新到最新的版本，紧跟社会发展的趋势，使学生尽快接触到新技术，便于学生今后的就业。

② 构建完善的数据库知识体系

在知识领域，数据库原理及应用基础理论以必需、够用为度，以掌握原理、强化应用为重点，在教学中坚持理论与应用并重的原则。在课堂教学中注重理论教学、精选教学内容和突出重点的同时，还应注意各知识模块之间的联系，这些知识点之间并非孤立的。不同的模块之间存在着密切的关系，因此在教学中要注重运用关系数据理论指导数据库设计阶段的概念结构设计和逻辑结构设计，用关系数据理论、数据库设计、数据库安全性和完整性等知识指导建立一个一致、安全、完整和稳定的数据库应用系统。

（2）采用模块组织实验培养学生的应用与创新能力

实验教学是巩固基本理论知识、强化实践动手能力的有效途径，是培养具有动手能力和创新意识的高素质应用型人才的重要手段，是数据库原理及应用课程教学中必不可少的重要环节。

在数据库原理及应用课程教学中，只有将实验教学和理论教学紧密结合，并在教学中注重实验课程设计的延续性、连贯性、整体性和创新性，才能真正使学生理解课程的精髓，并调动学生的学习积极性，学以致用。同时这也能帮助学生构建知识体系，培养学生的科学素养、探索

精神和创新精神，真正达到培养应用创新型人才的要求。

如何科学地选择数据库原理及应用课程实验内容、组织实验模块、培养学生的应用实践能力和创新能力，以从总体上提高教学质量，成为计算机专业数据库原理及应用实验教学改革的核心任务之一。

实验教学内容要完全体现培养目标、教学计划和课程体系，而且要求实验模块的组织方法能够体现先进的实验教学思想，提高实验教学质量。数据库课程实验需要与理论课程的相关知识点密切结合，聚焦于一个项目的数据库系统设计，实验被划分为 3 种类型：验证型、设计型和综合型。学生通过这些实验，可以应用软件工程的基本原则设计类似的数据库应用系统，并将所学知识融会贯通。

（3）采用多元化教学方法与手段激发学生学习兴趣

在教学实践中，要以学生为核心，合理地运用不同的教学方法和手段，有机地运用案例教学、项目驱动教学和启发式教学等方法，互相补充，共同实现更好的教学效果。通过灵活应用多种教学方法，可以在教学过程中为不同的学习内容提供合适的教学方式，增加学生的实践、自学和创新机会，激发他们的学习热情和自主性，促进他们创造性思维的培养，以达到预期的教学效果。

① 培养学生独立探索的能力

建构主义的观点认为，学习者习得的知识并非由教师传授，而是学习者在特定的社会文化环境中，在教师、学习同伴等辅助下将所学的知识建构为意义知识体系而获得的。项目驱动的教学方式是基于建构主义教学理论的一种教学方式，教师在这一教学模式下是教学的中心，学生则是教学活动的主体，在项目任务的推动下，使学生的主动性、积极性和创造性得到最大程度的发挥，从而改变传统的教师单向灌输式的教学，让学生学会主动学习，能够进行独立探索。

由于实验教学涉及知识点过于零散，缺乏对学生系统观、工程能力的培养，我们在实验教学中将项目驱动法和案例教学法相结合，在实验教学设计上以学生较熟悉的数据库应用系统的设计与开发实验贯穿整个实践课程，该应用系统的设计与开发涵盖了数据库课程实验的每个实验模块和技能训练，而每个实验模块都是整个实验课程的有机组成部分。

实施实验课程教学时，在实践教学的第一堂课就从演示一个学生较熟悉的完整的微型数据库应用系统入手，简要说明开发该系统所涉及的知识和技能，引起学生对数据库应用系统构成和开发的好奇心，由此提出本课程实验将围绕此微型数据库应用系统的开发而展开。让学生每堂课都带着问题学习，目的明确，能充分调动学生的积极性，从而达到事半功倍的效果。实验教学内容设计具有连贯性和针对性，通过这样循序渐进地讲解、演示和实验，让学生充分理解数据库的概念和技术，从而经历一个完整的微型数据库应用系统的开发过程，达到使学生熟练掌握知识和技能的目的。

该课程将分散的技术知识和训练有机地结合起来，围绕数据库应用系统的设计与开发以及项目工程来开展教学和实践活动。教学的过程是分段进行的，但是实践的过程是整体的，加强了学习的系统性和完整性，同时也产生了自主研发大型数据库应用系统的愿望，学生的自主学习和独立探索能力得到增强。

② 利用启发式教学对教学难点进行深入研究

案例教学法就是指运用实际案例来提出、分析并解决问题，教师根据学生的实际学习情况和教学内容为学生提供案例来分析个别问题，再让学生在理解个别问题的前提下举一反三，学会解决同类型的问题，让学生在教师的指导下学会用理论联系实际，将所学到的知识构建为一个系统的知识体系，更好地理解所学内容，提升自身的能力。

在数据库原理及应用中，关系型数据库是最常用的数据库，关系型数据库的设计要遵循关系规范化理论，关系规范化理论是课程的重点，也是难点。教学中，教师通过采用案例教学法与启发式教学法相结合的教学方法，充分发挥两种教学法的优势，充分调动学生自主学习、主动思考的积极性，深入浅出，突出重点，化解难点。

首先是案例的设计。在教学组织上，选择学生熟悉的典型案例进行分析。例如，在图书借阅管理系统中需要记录读者所借阅的图书等相关信息时，人们会自然地采用这样的关系模式来表示：借书（读者编号，

读者姓名，读者类型，图书编号，书名，图书，分类，借阅日期），进而提出“给定的这个图书关系模式是否满足应用开发的需要，是不是一个好的关系模式，如何设计好的关系模式”的问题。教师分别从关系数据的存储、插入、删除和修改等几个方面启发学生思考该关系模式存在的问题。

其次是案例的课堂讨论。通过以上的分析与讲解，组织学生进行讨论：如何修改关系模式结构，解决该关系模式存在的数据冗余和更新异常问题；如果要对关系模式进行分解，有哪些原则指导分解，分解是否是最优分解。教师通过设问一步步地启发学生进行思考、分析和讨论，让学生最终了解关系模式优劣的衡量标准，了解好的关系模式设计的基本理论、方法，并能把这些知识应用到具体的项目开发过程中。

案例教学法与启发式教学法的综合运用，使学生能够积极主动参与到教学中，充分调动他们的主观能动性，实现教与学的优化组合。案例讨论不仅能够传授知识，而且能够启发思维、培养能力。这些教学方法既改变了传统教学思路，增强了教学过程中师生之间的互动；又使学生的主体地位得到了加强，调动了学生的学习兴趣。

③ 采用分层教学促进学生实践

分层教学即先对学生实际的知识水平和能力进行考察，根据考察结果将学生划分为不同的层次，然后再在教学中对于不同层次的学生采取针对性的教学策略，使每个层次的学生都能实现发展的最大化。分层教学是由学生个体差异的实际所决定的。采取分层教学的方式正是对学生个体差异性的认识和尊重。

尤其对于数据库原理及应用这门课程来说，其在理论性和实践性上都较强，如果沿用传统教学方式，学习能力强的学生的学习需求得不到有效满足，而学习能力差的学生在学习上则较为困难。为解决传统教学方式中的这一现象，有必要实施分层教学的方法，尊重学生个体差异，在个体差异的基础上实施有针对性的教学，从而使每个同学都能得到最大化的发展。分层教学也符合因材施教的教育理念。

分层教学法的实施需要对学生和教学两方面进行分层。对于学生的分层，可以以学习基础、学习能力、学习态度为考查因素，按照一定的人数比例，将学生划分为好、一般、差 3 个层次。

对于教学的分层，则可以细化为教学目标的分层、教学内容的分层、教学过程的分层、考核评估的分层 4 个方面。具体来说，在教学目标的分层上，应充分贯彻因材施教的理念。

在教学目标的分层上，对于处在“好”层次的学生，对于教学大纲规定的内容，应对其制定较高的成绩标准。在达到优秀的成绩标准之后，针对其进一步提升的学习需求，可以为其安排拓展课程。对于处在“一般”层次的学生，对于教学大纲规定的内容，其达到良好的成绩标准即可。对于处在“差”层次的学生来说，对于教学大纲规定的内容，其在成绩上达到及格就完成目标了。

在教学内容的分层上，则应在教学目标分层的基础上，分层进行教学内容的制定。

在教学过程的分层上，对于处在“好”层次的学生，可以以参与的方式为主，鼓励这一层次的学生参与到教学过程中，在教学过程中实现对知识的发现和探索，培养学生综合分析问题和解决问题的能力。对于处在“一般”层次的学生来说，则应采取问题驱动的教学方法，以问题激发学生的兴趣。通过分析和解决问题，实现学生对于知识的学习和掌握。对于教学内容中存在的难点，则应加强对其前后联系的讲解，并从不同的角度对解决问题的方法进行讲解。对于处在“差”层次的学生来说，则适合采用启发式的教学方法，在知识的学习上实现温故知新，在复习学过的知识的同时，启发新知识的学习。对于这一层次的学生来说，基础知识是其学习的重点，在教学过程中应不断巩固他们的基础知识水平。由于这一层次的学生在学习能力上有所欠缺，因此对于教师来说，在教学过程中应注意多鼓励和帮助他们学习，使他们通过学习的进步不断增强自信心，逐渐提高自身的学习水平和能力。

在考核评估的分层上，对于处在“好”层次的学生来说，由于他们学习能力和水平都较强，因此，在考核上应选择难度大、综合性强的题目，以考查他们分析和解决问题的能力。在考试中，可以为其安排一些

选做题。对于处在“一般”层次的学生来说，可以将教学大纲中的核心知识作为考查的重点。对于处在“差”层次的学生来说，应以一些简单的、基础的题目为主。

在班级授课制之下，通过分层教学的方法，能够有效地实现个性化教学，使不同层次的学生能接受符合自己实际的教学，从而使其保持学习的积极性，实现教学效率整体上的提高。

④ 建立立体化课程教学资源辅助平台

立体化课程教学资源辅助平台主要包括教学资源系统、项目展示系统、在线答疑系统、模拟测试系统等部分。

教学资源系统主要包括课件、视频、习题、相关工具、课外资料等内容，建立教学资源系统的目的在于为学生提供充足的、多样的学习资料，满足学生学习需求。项目展示系统主要包括学生的各类示范性的实践作品。建立项目展示系统的目的在于通过示范性作品的展示，提高学生学习的竞争性和积极性。在线答疑系统即教师在线对学生问题进行回答的系统。这一系统的建立有利于打破师生交流的时间和空间限制。当学生在学习中遇到问题时，能够随时向教师请教，教师也能够及时地对学生的问题进行回答。模拟测试系统的功能在于学生根据自己的阶段学习情况，通过系统生成符合自己学习实际的测试题目，实现学生对于自己学习情况的随时检验。

通过辅助平台，不同层次的学生都能根据自己的实际情况选择相应的内容对自己的学习进行辅助，如选择自己需要的资料与合适的习题对自己的学习进行补充，通过合适的题目准确地检验自己的学习情况，在学习遇到困难时也能够通过平台得到及时的指导和帮助。

在数据库原理与应用教学中，立体化教学资源的建设有利于形成学生自主式、个性化、交互式、协作式学习的教学新理念。立体化教学资源的运用有利于发挥学生的主动性、积极性，有利于培养学生的创新精神。

（六）综合实训课程教学改革

1. 综合实训课程教学存在的问题

在高校的专业培养计划中，专业基础核心课程的综合实训课通常是理论课的附属课，通常在学完理论课的下个学期才开展，一般包括16～32学时，实训和考核的方式都由教师选择。通过调查和分析高校的核心课程综合实训课的实训方式、考查方式以及学生的实训效果，我们发现其中存在不少问题。

（1）综合实训题目设置不合理

题目设置上的问题主要包括两方面。一方面是教师设置的题目难度过小，不能对所学内容进行全面覆盖，对于某些没有涉及的知识点，学生只是理解了理论部分，但是进行的训练不够，难以做到学以致用。另一方面是在设置综合题目时没有考虑学生的能力差异和学习水平差异，没有让学生分组完成或分组较少。在程序设计语言课程中，教师设置综合题目如设计一个信息管理系统时将本课程的所有重要内容都涵盖在这一个题目中，让学生统一完成结构设计、数组设计、指针设计、结构体设计和文件操作等内容，这样的题目综合性强且难度很大，会让班级中一些能力较差的学生无从下手，而那些能力较强的学生也会因为需要专注地完成题目而无法对其他同学进行帮助，因此班级中的一部分学生会产生畏难情绪，最后只能草草抄袭了事，其并没有得到相应的训练，最后的训练效果也十分不理想。

（2）实训过程中教师缺乏指导和监督

高校的专业基础核心课程实训课程的实训方式通常由教师选定，因此可能会出现教师指导不及时的情况。有些教师采用的教学方法如下：先用1～2课时的时间给学生讲解进行实训的要求和技术，之后的课程就由学生自由实践，在此过程中教师不对学生的实践过程进行监督，无法了解学生在训练中的表现和遇到的问题，学生也无法得到有效的指导和监督，因此实训效果十分不理想。甚至有的教师让学生自己安排实训练习方式，完全不进行指导工作，这对于学生的实训能力培养十分不利。

（3）课程考核方式过于宽松

实训课程的考核方式一般都是由教师对学生完成题目的情况作出评价，但是由于教师对学生完成的过程并不了解，导致缺乏过程性的评估和指导，教师无法根据学生编写的代码判断学生的作业是否是自己独立完成的，即使学生之间存在抄袭现象，教师也无法单纯靠学生上交的

作品来确定。这样不仅不利于学生实践能力的培养，同时也会挫伤那些真正自己完成任务的学生的积极性。出现以上情况的原因主要是高校在综合实训课程教学中投入的师资力量不足。教师的精力和经验都是有限的，如果要按照每个学生的实际学习情况和能力水平制定实训题目，那么教师就要付出大量的时间和精力，同时教师还要为班级的每个学生解答他们在完成任务过程中遇到的问题，并对每位学生的作品进行评价，这更会大大增加教师的工作量。另外，师资投入不足也会打击教师的积极性。

2. 综合实训课程教学的具体改革

（1）实训方式改革

① 共同协调各个专业开设综合实训课的时间

采取这种教学方式能够使同时开设某一门综合实训课的专业的教师对学生的情况更加了解，能够使各专业的实训课教师共同为开设的同一门实训课而努力，加强各自之间的交流和互相监督，同时各专业的学生也能在与其他专业和班级的了解和比较中不断提升自身能力，起到相互监督和促进的作用。

② 由指导与考核小组成员协助任课教师指导学生实训过程

这一措施要求在开设一门实训课程之后，指导与考核小组的教师要参与 2～4 学时的实训教学，帮助任课教师一起为学生提供指导，这样一方面能够缓解任课教师的教学压力，帮助班级中的众多学生及时解决问题；另一方面还能够发现班级中操作能力较强的学生，鼓励其帮助其他同学解决问题，成为教师的助手。同时，指导与考核小组的教师也能通过参与学生实践监督而对学生的实际训练情况有更深入的了解，在进行最后的考核评价时能够更加公平公正。

（2）实训内容改革

要对实训课程的内容进行改革，要根据学生的实际学习情况和能力水平确定综合实训课的题目，由指导与考核小组的教师与任课教师共同参与讨论，在课程资源库中选择适合教学的习题。在指导与考核小组中，每个教师的教学经验和实践经验各不相同，因此在共同讨论综合实训课程的题目时往往能够产生意想不到的结果。例如，一些实践经验较为丰富的教师在设置题目时可能会加大题目的综合性和难度，此时教学经验更为丰富的教师就可以将这些题目分解为几个小的任务让学生逐步完成，这样不仅能够让学生顺利完成综合实训任务，也能提高学生的综合能力，增强学生的自信心，让学生体会到语言编程的乐趣，从而更积极地投身于学习中，更加积极地接受挑战。

（3）考核方式改革

在对学生的综合实训课程的评价考核方面也要进行改变。考核评价方式上的改革主要是从过去只对学生最后提交的作品进行考核的方式，转变为由教师团队共同开展对学生作品的答辩考核。在具体的实践过程中，由每位考核小组的教师负责 10～15 个学生的答辩工作，对参加实训的学生平均分配。答辩的要求主要是学生的代码能够正确运行、学生对自己的代码能够进行正确的解释并作出简单的修改、能够根据考核教师的简单指令对代码的内容做一些修改等。对于答辩结果，学生有两次答辩机会，若此次答辩不合格，在下个学期还能再进行一次答辩，如果第二次答辩仍然没有通过，那么学生就要重修这门实训课程。

第五章　项目教学法在计算机教学中的应用实践

本章为项目教学法在计算机教学中的应用实践，主要包括 4 个方面的内容，分别是项目教学法在计算机文化基础教学中的应用、计算机课程项目教学的设计、计算机课程项目教学的实施、计算机课程项目教学的评价。其中计算机课程项目教学的设计、实施和评价以“网页设计与制作”课程为例，展开详细介绍。

第一节　项目教学法在计算机文化基础教学中的应用

一、项目教学法概述

（一）项目教学法的概念

项目教学法指的是师生共同完成一个相对独立的项目所进行的教学活动，学生独立完成项目信息的收集、项目方案的制订、项目的实施以及最后的项目评价，教师负责为学生提供相应的指导，在完成项目的过程中，学生要亲手操作，并理解和把握过程中的每个环节。项目在实际的教学过程中指的是一项任务，这种任务要求学生运用自身的知识和经验生产一种具有实际应用价值的具体产品，或者排除某个故障、提供某项服务等，这个项目可以是大型的项目，如设计一个服务项目等，也可以是加工一个小零件这样的小型项目，学生在解决实际问题的过程中要自己进行规划，独立完成任务，在完成项目的过程中不断提升自身的职业能力。

项目教学法最早出现在18世纪的欧洲和19世纪的美国，欧洲的工读教育和美国的合作教育就是项目教学法的雏形。项目教学法起源于欧洲的劳动教育思想，到了20世纪中后期，项目教学法已经发展成为一种较为成熟的理论方法。项目教学模式是一种现代教育模式，其基于工业社会和信息社会为社会培养实用型人才，主要内容是大生产和社会性的统一，致力于受教育者的社会化和对现代生产力、生产关系相统一的社会现实和发展的适应，是一种有效的人才培养模式。

项目教学法强调以学生为教学的主体，教师扮演的是引导者的角色，整个项目教学模式围绕着项目展开，由师生共同完成，师生双方共同取得进步。项目教学法具有多样化的目标指向和良好的可控性，培训的周期短、见效快，注重理论与实践的结合。

在项目教学法的实际应用过程中，学生是教学过程的主体，教师则是学生的指导者和顾问，引导学生在实践中学习新知识，使其对内容的理解更为深入，培养学生的独立思考能力和独自解决问题的能力，而不再是传统的教学中单纯的知识灌输者角色。学生在项目教学模式下是教学的主体，在教师的引导下，学生能够通过独立完成项目有效提升自身的实践能力，同时也能在理论联系实践的过程中不断提升理论水平，此外，也能提高自身的学习积极性。教师在为学生提供指导的过程中能够了解学生的实际学习情况和能力水平，从而对教学方法和内容进行及时的修改，在此基础上自身的专业水平也能得到提高。因此，项目教学法是一种能够使教师和学生共同实现进步的教学方法。

（二）项目教学法的实施建议

项目教学模式下，教学的中心是学生、项目和实践，而传统的教学法以教师、教材和课堂为中心，这也是以建构主义为基础的项目教学法与传统的教学法最根本的区别。在项目教学法的教学设计中，学生是认知的主体，是知识体系的主动构建者，在实施项目教学的过程中要注意

以下问题。

1. 要以学生为中心

项目教学法最为强调的就是以学生为教学主体，教师是促进者和协助者，是教学过程的设计者和组织者，在完成项目的过程中，学生要充分发挥主观能动性和创新性，积极主动地投身于项目进程中，并根据自身完成情况向教师作出反馈，教师在此过程中要充分发挥指导作用并参与到学生的讨论中去。

2. 要选取合适的项目

开展项目教学模式的关键就是要选取合适的项目，所选取的项目要具有实用性、趣味性、活动性和可操作性，并且难度要适中；要基于教学内容和教学目标，要以现实的对象为材料，既要能使学生掌握所要学习的知识点，也要培养学生独立解决问题的能力；要选取具有典型性和代表性的工作项目，这样才能充分激发学生解决问题的积极性，将教学与企业的实际生产过程联系起来。项目的选取也要由教师和学生共同完成，教师要让学生学会在身边寻找素材，这样可以使选取的项目更具有真实性。

选取项目要考虑许多因素。首先是选取的项目要根据学生的实际学习情况和能力水平来确定难易程度；其次是项目要能够用一个统一的标准如正确答案或美感等来进行评价，要符合大多数学生的喜好；最后是项目要包含教学知识点、技能点以及情感、态度和价值观，要自然地、有机地将教学内容和项目结合起来。

3. 要创设学习的资源和协作学习的环境

项目教学中教师要重视学习资源的提供和协作学习环境的创设。教师在教学过程中要为学生创设多样化的情境和多种应用所学知识的机会，要通过纸质媒介、网络媒介以及各种现代教育技术手段为学生提供多种学习资源，包括完成项目必需的理论支持和必要的学习材料；企业的工作流程、工作要求，产品的背景、规格等实践资源；现场的技术指导；等等。

项目教学要求学生之间“协作学习”，因此教师在创设情境时也要创设学生可以进行小组讨论的情境，使学生在情境中讨论协商各种问题，共同对各种观点和假设进行研讨，使学生共享群体智慧，实现共同发展。

4. 要注重项目的实施

在完成项目的过程中，要让学生将理论与实践结合起来，教师可以让学生独立制订计划并实施，不能过度干涉学生学习行为的安排和组织，也可以让学生进行合作式学习，让学生组成小组，进行理论知识和技能的学习以及产品设计的实践生产。

5. 要以学生完成项目的情况来评价学生学习效果

项目教学的中心是项目，对学生学习效果的评价也应基于对学生完成的项目的质量进行评定，项目教学法能够提高学生的问题分析和解决能力、语言组织和表达能力、沟通能力以及团队协作能力，能够让学生建立自信心，不断挖掘自身潜力，通过项目的成功也能获得成就感，从而更加积极主动地学习，成为符合企业用人要求的人才。

二、项目教学法应用于计算机文化基础教学的优势与举措

（一）项目教学法应用于计算机文化基础教学的优势

计算机文化基础课程一般在高校中作为公共基础课进行教学，计算机专业的学生也要通过计算机文化基础课来入门。学生在学习发展方面的需求和对未来的规划各不相同，单一的教学方法使得学生的不同需求得不到满足，学生在技能的掌握方面也存在困难，项目教学法就是解决这一问题的有效对策。

项目教学法是师生共同完成项目，教、学相长的教学方法[①]。项目教学法注重培养学生的实践能力，项目是学生学习的驱动力，项目教学法是教师基于学生的实际学习情况和教学内容，选取生活中的真实场景或事件作为素材，让学生在项目的场景中扮演角色，师生、生生之间进行互动交流来开展教学活动的教学方法。

在计算机文化基础教学中采取项目教学法同样也要以学生为中心，

① 尹亚领.能源与动力工程职业教育专业教学法[M].北京：机械工业出版社，2020.

教师在选取教学模拟项目时要充分考虑学生的实际需求、学习情况和能力水平，根据教学内容和目标来选取合适的项目。在教学过程中可以穿插多种教学模式，使课堂氛围更加生动活泼，充分激发学生学习的积极性和主动性。学生在完成项目的过程中要根据学生的要求和指导积极参与项目的讨论，搜集与题目相关的资料并与教师和同学针对资料进行探讨学习，在这个过程中，学生的合作探究能力以及优化处理信息的能力能够得到大幅提升，进而在教师的指导和启发下有效解决问题，完成项目。

传统的计算机课程教学模式偏重于理论授课，教师在课堂上单方面地向学生灌输知识，教师是教学的中心，学生参与实践训练的机会较少，在这样的教学模式下，学生明显对计算机课程学习积极性较低，课堂氛围也十分沉闷，学生的学习效果不佳，同时，教师在这样的教学环境下也会逐渐失去教学的积极性，教学效果也随之变差，最后导致学生学不到必要的技能，难以取得进步。项目教学法能够让教师和学生共同参与计算机课程的教学，师生双方合作学习来完成教学项目，这样能够充分发挥学生的主观能动性和学习主动性，教师也能够打破传统的教学模式，采用更为有效的教学方法，使教师的教学效果和学生的学习效果都得到显著提高。在计算机文化基础课程的教学中采用项目教学法是十分有益的。

为了使高校学生能够提升计算机应用能力，许多高校都将计算机文化基础课程作为公共课程，主要对计算机应用的相关概念、知识点和基本原理等进行教学，以计算机应用为教学重点，强调学生计算机实际应用能力的培养，提高大学生应用计算机的熟练度，不断为社会培养具有较高计算机应用能力的人才。

1. 实现学生综合能力培养

在项目教学法中，学生是教学活动的主体，教学的成功与否取决于学生是否能够掌握有效的学习方法来提高学习效果，教师的教学方法在项目教学法中居于次要地位。在项目教学法的项目完成阶段，学生可以自由组成讨论小组来制订项目的实施方案，实施方案的内容、实施的途径和策略都由学生自己决定，教师在学生进行交流讨论的过程中要向学生提供必要的指导和帮助，但不应对学生的学习节奏和方式进行太多干预，要让学生充分发挥主观能动性，以此来获得成就感。项目教学法能够使学生逐步养成团队合作精神，这不仅能够让学生有效提升学习效果，还能使学生为之后进入社会与他人达成合作奠定基础。

2. 提高学生探索能力

作为一门现代化的课程，计算机文化基础课程具有很高的创新和发展潜力。项目实施过程中，学生能够根据自身需求和实际学习水平有效解决各种挑战。解决问题过程中需要学生从多个层面和角度进行思考，这个过程比较复杂，通过广泛讨论和深入研究后，学生有机会提高自己思维的创造力。此外，完成项目方案并非一步到位，学生需要不断改进和精益求精。在进行思考和观察的过程中，学生的分析和创造能力都有机会得到提升。此外，自主思考还可以帮助学生发掘自我探索的快乐，学生不再单纯依赖教师和教材进行学习，能够有效提升创新能力。通过将计算机文化基础教学活动与项目教学法相结合，学生可以积极自由地表达自己的观点，同时也可以以讨论的形式来共同解决遇到的学习难题。相对于以往枯燥乏味的上课方式，这种方式更加和谐轻松。在这样自由的学习氛围中，学生能够积极参与学习，大胆尝试新事物，获得更加丰富多样的学习体验。

3. 提高学生思维能力

通过项目教学法，晦涩的理论知识可以通过具体的实践形式而变得更加生动有趣。学生可以自主规划项目任务，制订学习计划，收集相关的信息，并在成功完成项目后进行自我评价。在这种教学模式下，学生完成任务的内容就是项目案例，学生积极主动地参与项目实施过程，能够有效提升自身的自主探索能力，学生在与小组成员进行讨论和思考并最终解决问题的过程中，能够更好地掌握相关理论知识。此举对于提高学生的计算机应用和文化水平具有积极的影响。项目教学法能够有效提高学生对于计算机理论知识的掌握水平，同时也能让学生在收集信息的过程中丰富生活经验，在讨论的过程中提高自身的沟通能力，在实施项目的过程中提高自己的业务能力，使学生在之后的学习和工作中能够更

加轻松地应对各种挑战。项目教学法有助于学生在毕业后的工作以及学习方面取得良好的成果。

（二）项目教学法应用于计算机文化基础教学的举措

虽然目前计算机专业教学理论研究者高度重视项目教学法，但他们更关注的是计算机文化课程项目教学法理论及其发展的规律性。一线教师则更关心如何有效地应用项目教学法以及如何解决在教学实践中遇到的问题，然而，这些问题还没有系统的理论和教学方法来提供指导，理论与实践相脱离。

1. 计算机教师与专业教师相结合

在计算机文化基础课程的开设初期，学生对这门课程的学习内容了解很少，因此教师要在这时为学生提供相应的引导，可以在课堂上为学生演示和讲解项目案例，使学生对这门课程的教学内容有一个初步的了解。学生通过了解项目案例中生动形象的教学内容，能够进行自主理解并开展自主学习，对学习内容中一些较为抽象的概念也能够更好地理解和掌握，可以有效激发学生的学习积极性和主动性，让学生对计算机文化基础知识产生求知欲和学习兴趣。

2. 采用问题式项目案例的模式

教师在计算机文化基础课程中可以采用问题式项目案例的教学模式，在教学过程中通过对学生进行提问，让学生对问题展开讨论和交流并利用课堂教学内容解决问题，这样能够让学生更加快速有效地掌握相关知识。采用这种问答模式能够激发学生的学习热情，使教学内容更加生动形象，使学生更加专注。此外，采用这种设问模式，学生的综合素质能够得到提升，还能够有效理解并掌握相关的知识点，不断提升实践能力。

3. 采用兴趣式项目案例的模式

为了使学生能够更快速有效地理解和掌握知识点并提升实践能力，教师需要在教学过程中不断激发学生的学习兴趣，以达到更好的教学效果。通过实施兴趣式的项目案例活动，能够激发学生的学习热情，同时还可以使教师基于学生的兴趣和实际需求进行教学，使教学更具有针对性，不断提升学生的综合实践能力。

4. 坚持以工作过程为导向

项目教学法是一种基于建构主义理论的教学方法，学生在完成项目的过程中不仅能够掌握相关的计算机理论知识和专业技能，同时也能对一些建构知识技能的策略有所了解，使学生在之后的专业课学习中能够做到自主学习，不断促进专业知识水平的提升和实践能力的提高。

第二节　计算机课程项目教学的设计

通常所说的教学过程是指教学活动的开展和实施过程，是教学系统的动态变化过程。在教学的过程中，教师引导学生经历一种独特的认知过程，这个过程的独特性在于它涉及学生对认知对象的理解、认知条件的考虑以及任务完成等多个方面。另外，教学过程有助于促进学生在各方面的发展和展现个性特点。在这个过程中，教师以有意识且有目的的教育指导为手段，引导学生自觉、积极地学习系统的文化科学知识和技能，提升个人能力和身体素质，同时也提高了学生的思想和道德素养。在教学过程中，教师和学生之间相互作用形成了一种双向的互动关系。这种互动并不是传统意义上的单向授课，而是以学生为主体、教师为主导的一种独特的实践活动，与其他社会活动有根本上的区别。

一、项目教学设计原则

（一）选定适合的项目

在进行项目教学时，教师应该考虑教学目标和教学内容，并挑选与学生的日常生活紧密相关的项目。在选取教学项目时，不仅应注重涵盖知识点的全面性，更要关注项目是否具备激发学生学习兴趣和提高学生问题分析解决能力的作用。在某些情况下，教师可以让学生参与到项目选取的决策中。为了保证计算机教学效果，选题必须权衡难度，尽量使其与学生自身水平匹配。根据经验，对于学生来说，难度适中的项目最容易激发其积极性和学习热情。相反，项目过于简单或过于困难都会对

学生的计算机学习效果产生不良影响。

（二）坚持学生的学为主、教师的教为辅

建构主义认为应该让学生主动学习与构建自己的知识体系，这就要求教师在教学过程中要强调学生的主体地位，教师不能再像传统的教学方法中一样将学生当成被动接受知识的对象，而是要将学生视为接收信息和加工信息的主体，教师在教学过程中应当充当学生学习的指导者和协助者。教师在设计计算机教学项目时要以激发学生的学习积极性和主动性为目的，为此可以让学生进行小组协作学习或会话学习，在学生进行交流和讨论的过程中向学生提出问题来引导学生思考，要为学生创设多种教学情境，让学生将以前学过的知识和新学到的知识联系起来，激发学生的学习动机和兴趣。在项目教学模式下，教师要在教学中强调以学生为主体，以学生为中心并不意味着教师地位的下降，教师在项目教学中发挥的作用反而更加重要。

（三）创设合适的学习情境

在项目教学中，教师应该根据教学目标和内容来选择项目，不仅需要确认其是否涵盖了教学内容，还需要思考该项目是否能够激发学生分析和解决问题的热情，要从学生已有的知识和经验入手。合理的学习情境应当与学生的日常生活和已有的知识背景紧密关联，这种情境能够有效地激发学生的学习热情。在教学中应该不断使用“项目”来帮助学生进行自主学习。在学生的学习过程中，应利用多媒体计算机综合处理文字、图形、图像、声音等多种信息的特点，创设合适的情境和良好的学习氛围，以充分发挥其作用。倘若为学生提供了一个优越的教育环境，学生会在这种令人愉悦的情境中自觉且乐意地学习，积极地完成学习任务。

教师在教授“网页设计与制作”课程之前可以为学生寻找一些制作精美的网页，这些网页具有良好的文字内容、优美的背景音乐和有趣的动画效果，可以引发学生产生了解的兴趣，一旦学生产生了兴趣，教师就应该逐一确定教学项目的“子项目”，以此逐步指导学生学习网页设计。具体的“任务”如让学生完成简单网页设计、基础框架网页设计以及动态网页设计。在学生制作网页的过程中，教师应该不断地激励学生自己去研读教材，并且参考一些优秀的网页设计作品，引导学生逐步地学习从简单到复杂的技能。教师在学生自主上机实践时，应该注重培养学生的自主学习能力，同时扮演协助者的角色，解答学生的疑惑，但不能过多地干预学生的学习过程。

在学生完成设计网页的项目任务时，学生通过逐步完成教师设定好的一个个“子项目”，能够实现有效的自主学习和上机实践，教师为学生创设的多种教学情境能够激发学生的学习积极性，增加学生的感性认识，学生在这样的环境下能够更加高效地掌握网页制作的知识和技能。

（四）做好项目评价

虽然项目教学注重过程中的学习和掌握知识，但是项目的评价仍然非常重要。完成项目后，需要采用有效的教学评估方法对项目的成果进行评估，如互相评价。通过相互分享成果并互相评价，学生可以深入探讨并发现彼此的优点和不足，从而实现共同提高。这种互相评价的方式既培养了学生的互动合作能力，同时也促进了他们的共同进步。在项目教学中可以采用多种不同的评价方式，如师生互评、同学互评、小组互评等多种方式。在课堂上，通过使用具有明确结果的作业表对学生的学习和练习进行评估，可以让每个学生都获得成就感。运用项目教学法，促使学生将零散的知识点整合起来，以实际工作场景为背景进行知识应用。

二、项目教学设计应满足的条件

具体的教学项目应该有一个明确的教学目标，并为学生提供一定的知识基础和指导，以便他们能够成功地完成任务。因此，在设计教学项目时，需要考虑以下几个方面。

第一，项目教学设计应该能够激发学生学习的热情，并在必要时让学生参与到项目的设计过程中去。项目应该与教学内容紧密相连，以确

保学生能够应用所学知识。

第二，项目的目标应该清晰明确，以便学生知道预期的结果是什么，并能够有明确的评估标准。项目应该具有一定的挑战性，但同时也不能过于困难，以确保学生能够在完成任务中获得成功体验。

第三，教学项目必须充分结合理论与实践，紧密关联所教内容及相关理论，以促进学生综合实践能力的提升。

第四，必须确保教学时间的充足。保证项目教学全程有足够时间，这是成功实施所必需的重要条件。

第五，要充分发挥学生的主观能动性，让学生有自由发挥的机会。项目教学法与传统的教学法之间的一个区别就是项目教学法能够让学生在理解和掌握知识与技能的同时充分发挥自身的创造力，在项目教学中，学生主要是自己探索和解决问题，教师不会对学生的学习进行过多干预，因此学生解决问题的能力也能得到提高。

第六，项目教学的评价要有相应的评价标准，学生必须将项目教学的成果清晰地呈现出来，以便对项目教学的教学效果进行最终评价。

第七，教师在选择教学项目时也要考虑到学生的未来就业方向，教学项目所培养的能力应是学生在未来工作中能够用得上的能力。

三、项目教学流程设计

在教学过程中，教学目标是指需要实现的预期效果和结果。为了达成教学目标，所有的教学活动都需要有一个清晰的计划和步骤，并且这个计划需要在教学过程中得到贯彻执行。为了有效提高学校的教育教学质量，教学目标应当与社会就业需求相符，并保持与教育培养目标的整体方向一致，学校的教学目标取决于其对学生的培养目标，因此其具有特殊性。学校旨在培养学生具备就业所需的能力，学校的教学目标能否得到有效实现决定着学生就业的好坏和学生能力水平的高低。制定教学目标的时候，学校应该重点考虑学生未来的实际职业需求，并结合相关课程特点和学生的特点来制定最终的教学目标。岗位能力是制定项目教学课程目标的重要基础。教学目标的达成很大程度上取决于教学设计项目能够激发学生的学习积极性和主动性。此外，在项目教学法中，教学目标应当十分明确且能够被量化。

在教学目标分析阶段，需要分析教学目标，以确定所教授的内容、所要学习的知识和技能，以及这些知识和技能的应用。这个过程有 3 个设计步骤，分别是明确“教什么”、“学什么”和“使用什么”。在教学设计中，需要考虑教学目标来制定策略，解决“如何教”和“如何学”问题，这是教学设计中策略设计问题的核心。教学策略可以通过优化和重组现有的课程、教学资源、工具、媒介或方法来提升教学效果。教师在选用教学策略时要灵活，要根据教学模式的特征选择符合学生实际的教学方法。

项目教学法是一种比较新颖的教学方式，在教学上强调推陈出新，是一种对传统教学方法进行创新的方法。项目教学法的核心理念是以学生为主体，注重学生在小组合作中相互协作，通过实际探究解决生活中真实遇到的问题。在一般情况下，项目教学法的过程分为 6 个步骤，分别是项目选定、制订计划、项目探究、项目实施、成果交流以及项目评价。

（一）项目选定

选定合适的教学项目对于整个教学过程至关重要。选定的项目必须综合考虑学科教学的整体目标，同时还要顾及学生的兴趣和需求。选择的课题应与学生的日常生活或经验密切相关，而且难度应该基本符合学生所掌握的知识背景。例如，在“网页设计与制作”课程中运用的项目大多与学生的学习生活密切相关，如制作个人主页、班级网站以及学生自发提议的保护动物网站等，这些主题能够引起学生的浓厚兴趣。

（二）制订计划

一旦确定计算机课程项目，就必须制订实施计划。制订一个良好的计划可以帮助学生更好地控制和管理整个项目的进程，同时也有助于教师更好地监督、引导和评估整个项目的进展。制订的计划的主要内容要涵盖两个方面：一是项目活动的计划；二是具体实施时间的安排。

计算机课程项目活动的计划旨在让学生提前规划项目活动，以确保整个项目教学有秩序地进行。制定合理的项目实施时间表是确保每个单位，无论是小组还是个人，都能够有效地实施项目的关键所在。

（三）项目探究

在制订好计算机课程的项目计划后，就要开始进行项目教学的重要部分——项目探究。项目探究阶段，学生的主要任务就是对计算机基础知识和相关技能进行总体学习，为项目实施奠定基础，之后学生就要开始进行项目探究，要根据项目内容搜集相关的资料，在交流与讨论中发现、分析并解决问题，积极针对项目需要与问题进行调查和探究。

（四）项目实施

项目教学法与传统教学方法的明显区别在于实施项目阶段。在计算机课程项目的教学过程中，学生需要运用已掌握的知识和技能来完成项目任务。

（五）成果交流

计算机课程项目完成后，学生需要展示他们的成果。学生能够在成果交流中互相分享各自的成果并完善自己的成果，通过组内或组外的成果交流不断发现自身和他人的不足和优点，从而使项目更加完美。

（六）项目评价

对计算机课程项目进行评价是项目教学法与传统教学方法之间的一个显著不同之处，项目教学过程中最后一步的重要性不可忽视。在项目教学中，评价分为两个方面：一是形成性评价，即对学生的学习过程进行持续性的评估；二是总结性评价，即对整个项目的效果和学生的学习成果进行总结和评估。评价可以分为量化评价和质性评价；也可以分为对自己的认知和别人的看法；还可以就个人的表现和整个团队的表现作出评价。

四、项目教学总体设计

由于传统的教学仍然是项目教学的主要依托，因此项目教学通常要求学生具备一定的基础才能进行。在开始执行项目之前，需要通过传统教学的方式向学生传授相关的基本知识和技能；在项目设计阶段，必须熟悉学生已经具备的知识和技能情况，只有深入了解学生的基础情况，才能更加有效地设计学习项目。项目设计必须考虑基础知识的准备过程，这是不可或缺的先决条件。

本书中，对项目教学法的讲解以“网页设计与制作”课程的应用为例。这门课程不但知识覆盖面很广，而且还包含着其他学科的相关内容。在开展项目教学之前，教师需要做好基础知识的教学准备，以培养学生的综合能力为主要目标，在充分了解学生对知识点的掌握情况和自身对各种教学软件的操作熟练程度的基础上进行基础知识准备。本书按照教学内容、学校教学的规划以及课程安排对这门课程的项目进行了分层，使学生能够循序渐进地完成项目任务。这门课程的教学项目分为以下几个层次。

首先是个人项目。这类项目通常设置得比较简单，要求学生独自完成。在“网页设计与制作”课程中，制作“个人网页”和“校园文学”网页并不需要很高的技能水平，甚至可以由个人独立完成，学生所需掌握的知识点都相对简单。例如，配置文字、创建网站、设置页面属性、插入图片并创建相关超链接等。

其次是练习项目。这种项目的核心在于团队合作，由小组成员协同完成。它旨在让学生掌握一些基础常用的知识点，并且通过此过程让学生了解项目教学法的教学方式。如使用表格布局创建“门户网页”、使用框架组织“贺卡网站”，以及使用 Photoshop 软件并结合表格设计“保护动物”网站。

最后是综合项目。综合项目往往是规模相对较大的项目，学生难以在短时间内独立完成。完成这类项目不仅需要掌握基础知识，还需要具备更广泛的知识面。通过这种项目，教师可以借助实际的实施情况找出学生在学习过程中的一些瓶颈，同时也能够对学生的学习掌握情况有更

为深入的了解。综合项目的时间跨度通常相对较长，通常会持续数周、数月，甚至贯穿整个学期。

“网页设计与制作”课程的项目教学设计步骤如下。

第一，进行课堂教学策略的分析。判断学生在学习项目前是否已经熟练掌握了 Photoshop 和 Dreamweaver 的基本知识，以及能否灵活运用这些网页设计和制作软件。分析学生在理论和技能方面的基础情况是新课学习的一个重要参考因素。教学是一种互动性强、共同促进发展的师生沟通过程。在教师的指导下，学生作为主角应积极主导学习过程，通过小组合作、实践动手以及探索发现新知识等方式，实现自主学习。运用项目教学法时，选定的教学项目需要与学生的日常生活紧密结合。教师可以充分利用网络的优势，扮演问题情境的创造者，知识学习的指导者、引领者和知识反馈调整者。

第二，教学准备。包括计算机联网机房、多媒体电子教室；教师根据知识点设置项目所需用的课时制定；教材、课件、教案、素材文件与资源等。

第三，情境创设。尽最大力量为学生创设所学知识内容与现实情况基本接近的情境，把学生引入解决现实问题的情境中来。

第四，操作示范。对于较难掌握的新知识点，教师可进行相应的示范操作，增强学生对技能性知识的直观理解。

第五，独立探索。启发学生独立思考，消化项目的难点、要点，为项目的后期制作、实施工作夯实基础。

第六，项目确认。在项目选择时，应该考虑到教学目标、教学内容，并结合学生日常生活实际情况。在讲授“网页设计与制作”这门课程时，教师可以将创建个人站点作为一个示范项目，来讲解如何建立一个站点的相关知识。当讲解创建介绍文档、文本格式设置、插入和设置图像属性以及超链接等知识点时，可以通过设置个人网页或编排学校文学网页等项目来演示。为了讲解表格的相关知识，可以创建一个简单的“门户网页”作为子项目来展示。当讲解框架知识时，可以将创建一个包含校园论坛网页框架的子项目作为范例进行说明。在介绍 DIV+CSS 知识时，可以将创建一个“购物网页”作为一个具体的示例项目。在讲解库和模板的概念时，可以设计一个名为“学校主页”的示例项目。此外，学生可以自主选择所参与的项目。这种方法可以充分调动学生的积极性，让他们在完成任务的同时对相关知识点产生深入理解。学生通过逐个小项目的设计与学习，掌握一定的知识技能后，师生可以协作选择一个大项目一起完成。

第七，规划策略。为了更好地激发学生的个人主动性和情感投入，让每位同学全程参与到项目中来，教学方式是先以自愿组队为原则，让学生自由地组成项目小组，然后由教师进行适当的调整来确保项目小组的有效运作。这个项目小组包含 3～5 名同学，其中必须有一个人被指定为组长。作为领导者，组长需要承担主要的职责和任务，这包括指挥全局、分配任务、监督项目进展、协调组员之间的合作关系以及确保项目的顺利进行。每个小组成员应该服从组长的安排，并全力以赴完成自己的任务。每个成员至少需要负责一个版面，并与其他成员充分合作，共同致力于完成整个项目。

第八，协作学习。开展小组交流、讨论，组员分工协作，共同完成项目。

第九，项目实施。进行项目制作，教师进行指导。

第十，学习评价。学生学习的效果直接通过完成工程项目的情况来衡量，包括教师评价、学习小组评价和自我评价 3 个部分。

鼓励各项目小组在课余时间积极收集资料。在汇集信息时，可以参考时事新闻或按照个人兴趣，以确定小组的项目主题。此外，还要探寻有价值的文献、图像素材及版面设计方式。在课堂上，学生根据收集的资料和个人调查结果，提出了不同的设计项目主题。每个项目小组需要完成以下任务。

（1）确定主题

主题要明确，内容健康。学生视野要开阔，具有关注生活、关注社会的良好意识。

（2）资料收集

围绕本组主题，可从网络、图书馆、报刊等途径获取文本、图片资料。

（3）素材选择

学生收集的资料未经过统一筛选之前会比较繁杂，小组成员要根据

项目内容和主题对其进行筛选取舍，要保证版面资料的特色和可读性，同时同组成员之间的资料要统一并与主题相符。

（4）版面编排

版面编排的时候要求色彩统一、风格一致，形成自己的特色。

项目设计思路确定后，在实际的项目制作和实施过程中，通常会因为不同的项目而出现一些不同的变化，对此，可以针对具体项目采取相应的措施，以灵活应对不同情况。

第三节　计算机课程项目教学的实施

一、项目教学实施原则

（一）实事求是原则

实施项目教学法的基本原则是实事求是。在计算机课程项目的教学实施过程中，学生不仅可以巩固所学的知识和技能，还可以通过与同学合作的方式，获得新的知识和技能。整个过程是学生在运用已学内容的同时，不断拓展自己的技能和知识的过程。因此，在实施项目教学时，需要遵循实事求是的原则，确保教师和学生都清楚了解自己所具备的知识和技能，这样才能够确保项目教学的顺利进行。

要在计算机课程中实施项目教学过程，必须依照项目教学的设计要求来执行。计算机课程项目的教学过程设计应当坚持设计原则，即以学生为中心，将学生置于项目实施的核心地位，教师作为组织者和引导者，在项目教学过程中扮演项目组织者的角色。

（二）公平性原则

教师在分配任务时应遵循公平原则，确保公正。学生的实际能力不同，他们在项目实施前的基础知识预备方面的水平也各不相同，在此情况下，计算机课程项目的实施者需要进行权衡，以确保学习基础较弱的学生也能通过项目教学来弥补基础较差的不足。

（三）过程性原则

由于项目教学法注重项目实施的过程，因此在实施项目教学时必须遵循过程性原则。过程性原则指的是在实施计算机课程项目时，项目组织者和参与者需要注重每一个环节的记录和处理，而不是仅仅追求结果而忽略过程。

二、项目教学实施过程

“网页设计与制作”这门课程是计算机专业的必修课，课程的知识包括以下几个方面：网页制作基础、定义和创建站点、表格、框架、DIV+CSS、模板和库、行为的使用、网页动态效果的制作、表单、制作 ASP 应用程序和网站的发布与维护。

（一）个人项目

当学生掌握了网页设计的基本知识后，可以让他们制作个人项目来强化他们已经学到的知识，并且让他们更深入地学习一些新知识。这个过程可以很好地激发学生的创造力并提高他们的学习热情。

项目性质：该项目的设计初衷为个人练习项目。

项目时间：项目为期 3 周，共 12 课时。

项目目的：项目的目标是进一步提高学生的网页制作能力，让他们能够熟练掌握构建网页所必需的基础知识，如站点的创建、网页的保存、页面属性的设置、插入水平线和日期的方法、插入图像并进行属性的设置和多种超级链接技术。在制作个人主页时，学生可以将已学过的知识点和技能综合应用，例如，使用表格、框架等方式进行页面的布局，并学习如何插入动画、音频等元素。通过回顾既有知识和教授新知识，促进学生学会独立创作网站，展示个人能力并与他人交流。这种学习方式可以激发学生的创作兴趣，帮助他们更好地理解知识并将其应用到实践中，从而更好地理解知识的意义。

项目的实施过程如下。

第一，创设教学情境。当学生置身于一个恰当的教学情境中时，学生会感到愉悦并自动地投入到学习中，积极参与项目实施，他们会更加主动地完成任务并且发挥更具创造性的潜力。项目需要成功创造教学情境，通过引导学生、展示优秀作品和自主选择主题等方法，获得学生的积极反馈。

第二，需要对项目进行分析。教师应该在设置好教学场景后对课程进行评估分析。对项目进行分析可以帮助学生更清晰地了解项目需要完成的具体任务。教师可以运用个人网页作为案例来进行分析，如网页标志、网页调色板、网页文字样式、网页口号、外观等。在对项目有更深入的了解后，引导学生思考如何在项目中充分运用自己已掌握的知识和技能。

第三，进行操作演示。操作示范是一种重要的教学手段，能够将理论知识转化为实际应用场景，使学生更加深入地理解知识点。在“网页设计与制作”课程中，语言描述往往难以生动形象地呈现知识点，而通过操作示范的案例，可以让学生更加直观地感受知识点的应用。尤其对于学生的项目主题，操作示范能够帮助他们掌握新知识并应用到个人项目中，特别是利用表格布局网页、框架布局网页等重点内容，操作示范更是不可或缺的教学环节。

第四，学生进行独立的调研工作。由于项目所涉及的知识点非常基础，是每个学生都必须掌握熟练的，因此学生要独立完成项目。项目也是以个人的特点进行设计的，实施时也应以个人为单位。

第五，选择资料和素材。学生完成知识准备和探索后，教师可以为他们提供相关的资源和素材，以便学生更好地进行运用。本项目所提供的资源主要包括与教学内容相关的电子化教案和课件、一些具有代表性的网页成果、一些可以用来制作网页的图片材料、相关的互联网资源。

第六，学生个人项目的制作。所有准备工作完成之后，学生就可以开始设计自己的个人主页。在此过程中，学生积极思考并利用互联网搜集制作个人主页相关的素材，并运用所学知识独立地完成个人网页的制作。由于之前教学采用传统的教学方法，学生已经掌握了一定的网页设计基础，因此在布局和配色方面能够表现出学生自身较为独特的审美和

创造力。

当然，在项目制作的过程中，也出现了一些常见的知识、技术性问题，其问题主要集中于以下几个方面：① 在 Dreamweaver 软件使用过程中，在按回车键换行时，为什么会出现行与行之间间隔很大的情况？如何进行调整？② 网页制作过程中，在进行外部链接时，为什么需要把外部的文件复制到本地的站点中？不复制还能够达到预期效果吗？③ 在对同一个文档进行不同链接的时候，一些学生显得不那么得心应手；④ 站点文件和文件夹创建的层次性不是很好；⑤ 表格嵌套的使用出错；⑥ 表格属性的设置不熟练；⑦ 框架集和框架属性的设置不熟练。

在项目实施过程中，学生很可能会遇到一些困难，尤其是新知识的学习会增加项目制作的难度。但是学生之间的沟通和交流可以解决大部分的问题，针对那些棘手的难题和复杂问题，教师需要及时进行解释和演示，这有助于学生在制作个人主页的过程中保持热情，勇于克服困难，并最终成功完成任务。

第七，项目成果评价。对于项目的评价，可以通过学生自我评价、小组内评价、小组间互评以及教师评价等多种方式来进行。在完成这个项目之后，一些同学进行了网页制作的展示，同时分享了在制作过程中遇到的问题及相关解决方法。该项目强调学生自主评价，让学生为自己的作品打分，这种方法能够帮助学生更全面地了解自己的学习状况，进而更加明确学习目标。教师可以通过观察每个学生的作品完成情况，在项目评价过程中了解学生掌握知识的程度，这样有助于后续的教学活动。

（二）练习项目

制作个人网页的过程让学生学会了 Dreamweaver 的基础操作，包括 HTML 语言的基础，创建网页文档，使用文本、图像、音频、视频、Flash 等多媒体对象，创建超链接，制作表格以及进行页面排版和框架布局等技能。DIV＋CSS 是当前静态网页设计的主流方式，具有以下优点：大大减少了网页代码量，使网页加载速度更快；使用 DIV＋CSS 制作的网页具有清晰的布局和优秀的可搜索性，能够提高网站的搜索引擎排名，

从而改善搜索引擎优化效果（SEO）；借助 CSS 文件的修改，可以快速改造成千变万化的页面，能够显著地缩短整改的周期；使用 DIV + CSS 可以轻松地精准控制页面布局，并且其具有出色的字体处理和排版能力，提高了用户体验和视觉效果；同时，它还具有易用性和编写的简便性。这个项目的目标是在已有的知识基础上，进一步学习 DIV + CSS 技术。

项目名称：制作保护动物网页。

项目性质：该项目的设计为小组合作练习项目。

项目时间：项目为期 4 周，共 16 课时。

项目目的：项目的选取基于学生对已有知识与技能的掌握程度。通过本项目的学习后，学生能正确地设置 DIV + CSS，将网页设计的知识贯穿于项目之中，有利于学生对知识点的掌握和理解。

项目负责人：每小组组长。

项目的实施过程如下。

第一，对学生进行分组。在项目教学中，学生的分组是一个非常重要的环节。在遵循项目实施原则的前提下，通常有两种主要方法。一种是自愿原则，即首先让学生自由组合。这种方式能够将个性较为相似的学生分在同一组，从而方便小组成员之间的交流。不过，这种分组方式的缺点是学生在组内往往难以实现取长补短。另外一种是教师指定分组的原则，教师可以根据学生的能力水平和个性特点，适当地分组指定任务，从而实现学生之间相互补充和取长补短的优势。必须在分组时注意到每个小组的成员数量适当，且小组内的成员应合理分工。通过综合考虑学生的个性差异、语言表达能力、纪律表现、组织能力、社交习惯等方面特点，教师可以先选择数名组长，然后根据小组内部的差异性和小组间的一致性原则进行分组。分组后，教师可以听取学生的意见并根据需要对小组成员进行微调，以确保小组成员的合理性和和谐性。通过实行组长负责制，小组负责人能够有效地安排和协调组员的任务分工。

第二，作品要达到的标准。制作保护动物网站的要求如下：网站应该有一个明确的结构，并且文件名易于理解；运用表格、DIV 元素和 CSS 样式等多种技术，构建网页的布局；网站首页有精美的动效设计；

实现网页的互动效果；要求在各页面之间使用多样化的超链接来相互连接；要求网站至少包含 12 个页面，页面设计独特，排版合理；设计应紧密围绕主题，内容必须丰富，且整个网站的设计风格要保持统一；网站必须具有创新性，设计感强烈且视觉美观。

第三，进行资料搜集。该项目的资源主要包括以下内容：项目的成果、与教学内容相关的数字化教案和演示文稿、一些可供学生使用制作网页的图片资源、相关在线资源。

第四，网站规划。尽管现代社会取得了惊人的发展，但也不可避免地造成了沉重的生态负担，因此，为保护环境，全球已形成了普遍共识。本项目以环境保护为主题创建一个网站，以此宣传环保公益。由于环境保护的范畴较广，因此选择话题时学生需要注意不要泛泛而谈。本项目聚焦于保护动物这一主题，并采取相应措施来做好相关准备工作。在制作网站时，首先要明确需要发布哪些内容，并据此设计网站的层次结构、页面布局以及色彩搭配等，这些步骤是制作网站的第一要务。为了设计综合项目，需要先确定网站的层次结构并绘制出一级、二级的结构图，如图 5-3-1 所示。

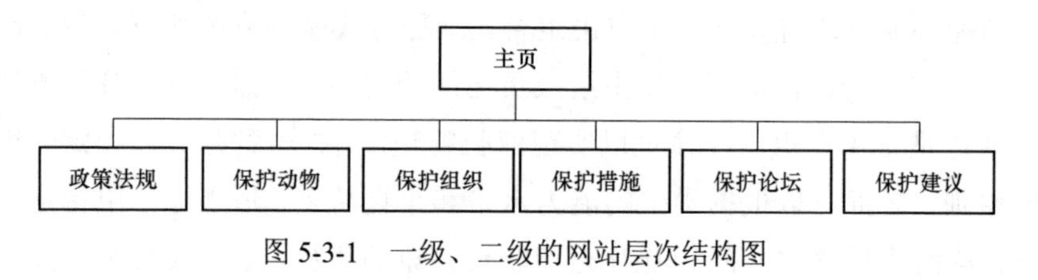

图 5-3-1　一级、二级的网站层次结构图

网站的第 1 个页面是首页（主页），称为一级页面，它又分为“政策法规”“保护动物”“保护组织”“保护措施”“保护论坛”“保护建议”6 个栏目。“政策法规”介绍动物保护的政策法规信息；“保护动物”介绍一些珍稀保护动物信息；“保护组织”介绍一些动物保护的组织和协会等；“保护措施”介绍动物保护内容的方法和方式；“保护论坛”链接的是一个可以自由讨论动物保护的论坛；“保护建议”给广大动物保护爱好者提供一个表达自己意见和建议的机会和渠道，只有学生都参与进来，才能更好地保护动物、保护环境。三级、四级的网站层次由学生自

己设计，在设计好网站层次结构以后，要对页面进行布局设计，如图 5-3-2 所示是设计的首页方案。在这个页面中，按照页眉、主体和页脚的顺序进行页面布局。页眉部分放置的是网站 logo 等内容，主体部分放置的是导航栏和主体内容，页脚部分放置的是一些版权信息。

“政策法规”等 6 个栏目的页面称为二级页面，它们可以采用相同的布局结构，而各自的内容不同就可以了，如图 5-3-3 所示是设计的二级页面方案。在二级页面中，改变了导航栏的位置，由主体部分的左侧移到了页眉的底部。页面的配色以绿色极其相近色为主，这与环保的主题是一致的，这样，网站的初步策划工作就完成了。

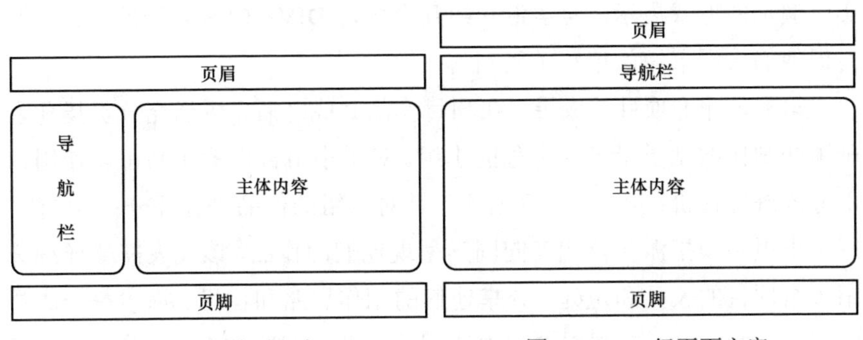

图 5-3-2　首页方案　　图 5-3-3　二级页面方案

第五，展示操作步骤。通过使用教师实际操作演示的方式，帮助学生提高学习 DIV+CSS 知识的效率。同时，这种操作演示的方式也使得学生可以更加清晰地掌握和理解新知识。学生利用已学习的 DIV+CSS 技能，联合表格、框架等知识，组成小组，制作一个关于“保护动物”的网站。

第六，学生组成小组，协同完成项目。学生在参与动物保护网站的项目制作过程中采取协作学习方式组成小组，共同讨论，教师担任指导者的角色，需要及时为学生提供解答、示范和支持。小组成员的密切协作十分必要。在项目制作过程中，学生可能会遇到一些问题。

（1）DIV+CSS 排版时的定位问题。如果没有很好地进行定位，那么生成的网页将会显得非常混乱，初学 DIV+CSS 的学生通常对这个概念掌握程度不够深入。

（2）垂直居中显示图片的错误。为了解决这个问题，可以在〈img〉标签中添加 align="absmiddle"。

（3）在个人作品与成品融合的过程中发生错误。解决方案：教师提供指导，让学生尝试自主调试和测试，并在需要时提供帮助。

（4）由于 CSS 与 HTML 标记语言和 Scripts 脚本语言密不可分，因此学习 CSS 时可能会对编程语言感到棘手。对于初学者来说，DIV+CSS 知识比 HTML 标记语言和 Scripts 脚本语言更容易上手。然而，对于那些基础较薄弱的学生来说，真正学好 DIV+CSS 需要花费一定时间和精力，不可能在短时间内完成。一般情况下，解决这种问题的方法是通过实际演示的方式展示，向学生介绍几个学习 DIV+CSS 知识的网站，并督促他们去图书馆阅读相关资料等。

第七，评价项目的成果。在项目作品完成之后，应当充分赞扬和表彰那些制作网站质量较为出色的小组。对于小组合作的作品可以使用以下方式进行评价：第一步，每位评审针对本组的作品进行评分；第二步，每个小组必须指派一位代表向同学呈现他们的作品，该代表需要详细介绍该组项目的长处和短处、分享他们的创作思路和构思、描述每个成员的工作分配，以及在制作过程中遇到的问题与解决方案，此外，他们还可以分享在该项目的制作过程中所获得的新知识；第三步，小组互评，评出优秀的作品；第四步，教师点评。

（三）综合项目

项目教学的学习过程是一个具有层次性、逐层递进的过程。项目所涉及的知识内容是由易到难的，设置项目的难易程度也是随着学生知识的递进由浅入深的。所以，对 3 个项目进行设计研究是从学生掌握知识的实际出发，由简单的个人项目的设置到稍有难度的练习项目的设置，最后对本课程的知识点进行全盘糅合，设置综合项目。

学生对网页制作各知识点的学习有了一定程度的掌握后，为了了解和检测学生此前学习的效果，需要学生设计一个综合项目，从而对学生进行进一步的考核。此外，综合项目是一个大项目，成品应该是一个网站，链接的页面数是比较多的，各子网页的结构、版面、风格等也要统

一，这就引入了新知识——模板和库的使用。对于一个完整的网站而言，也不只局限于静态网页的构成，许多网页是具有后台数据库支撑的交互式网页，在本项目中也引入另一个新知识的学习，即在 Dreamweaver 中通过表单和服务器的行为，在可视化环境下制作 ASP 应用程序的方法。学生按照自己的想法自由地进行多个项目的提议，在投票中选定合适的项目主题。

项目性质：该项目设计为一个综合项目。

项目时间：项目为期 6 周，共 24 课时。

项目目的：这个项目的目的在于让学生在掌握网页制作相关知识点的基础上设计一个综合的项目，通过制作过程中的综合学习，提高学生的技能水平并培养其创造力和创新意识，同时也通过小组合作和整合大项目的制作过程来培养学生的团队协作能力。

项目的负责人：计算机课程课代表。

项目实施过程如下。

第一，需要进行网站功能的模块设计。班级网站是一个连接班级与外界的通道，它让班级能够与外界进行交流互动，并且也为同学提供了一个相互联系交流的平台。学生可以通过班级网站浏览最新消息、发布重要活动安排以及加强学生之间的联系等。通过团队领导和学生代表的共同分析和研究，本项目将班级网站的内容分成了班级主页、班级简介、教师风采、学生天地、班级留言、论坛社区、家长课堂、家庭作业 8 个模块。这个页面需要有二到三级的层次结构，首页必须包括至少 8 个模块栏目。每一个模块栏目应该由一个小组来完成，最后将所有小组完成的模块融合在一起。网站必须配备完备且实用的后台管理功能，同时应该在首页的显眼位置设置入口链接以供管理员快速登录后台。管理员需使用个人账号和相应密码验证，方可成功进入后台操作系统。班级网站的流程图如图 5-3-4 所示。

第二，学生分组。在本项目中，分组方法仍采用之前分好的小组制，采用组长负责的制度，组长对组员的分工起到统筹和安排的作用。

第三，需要确定项目学习的目标。通过浏览和欣赏一些与班级相关的网站，确定本班网站的框架、整体风格、结构和内容等。在确定了网

站的主题后各小组就应该开始收集相关素材，利用已掌握的知识和技能，设计并制作本班的网站。此过程重视培养学生团队协作能力，提升学生集体意识。

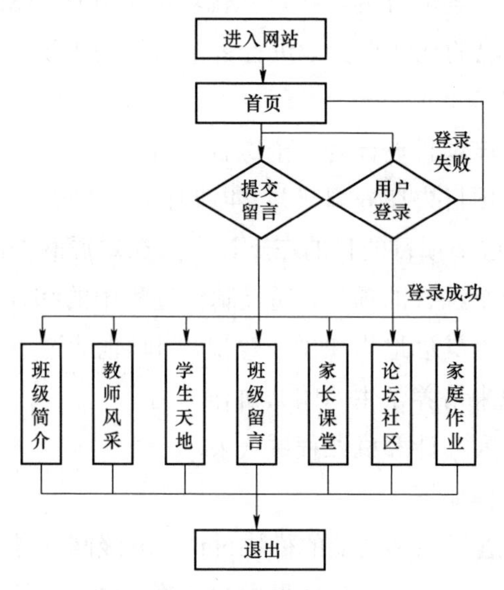

图 5-3-4　班级网站设计流程

第四，对网站制作的要求。网站的主题应鲜明突出，标志设计和色彩应该能够准确反映该网站的特点和主题，同时又简洁大方而不失美感；需要合理规划网页的整体布局设计，在进行版面设计时，需要遵循版面设计的基本规则，尽量压缩文件大小，以节省下载时间；网站的主导航应当包含以下链接：首页、班级简介、教师风采、学生天地、班级留言、论坛社区、家长课堂以及家庭作业，这些链接应该可以正常地跳转到相应的二级页面，而且所有的二级页面都应该能够返回到首页；在网页设计中，应该确保最关键的信息被放置在第一个满屏幕区域；将页面长度限制在可以完整显示 2～3 个屏幕区域；应该设计适用于多种平台和浏览器的网页；可以在 images 文件夹中创建一个名为 style.css 的通用样式表文件，以便多个页面可以共享同一个文件，并且多个页面的布局和样式能够保持一致；在网页设计中，色彩是一个不可或缺的元素，由于网站通常是由小组协作完成的，每个人的喜好不同，因此在设计之

前需要进行整体的色彩规划。如果不这样做，最终网站的颜色就会杂乱无章，让人感到混乱。此外，颜色选择也需要考虑网站的整体风格。最后，可以在页面底部适当的位置使用下拉列表来展示一些友情链接。

第五，将任务细分为可执行的子任务。确定了小组的成员和目标之后，接下来就需要对任务进行分配。班级网站包含了 8 个不同的版块，分别是班级主页、班级简介、教师风采、学生天地、班级留言、论坛社区、家长课堂和家庭作业。

第六，演示操作。在这个项目中，需要掌握利用模板和库的方法，并且了解制作动态网页的基本要素。下面通过制作子项目来学习新内容，让学生通过实际操作来理解新授的知识，并将其应用到本项目的制作中。

知识内容一：模板和库。

知识内容二：制作 ASP 应用程序。

以上两部分内容在项目的教学过程中采用子项目的制作来学习。在班级网站项目制作前，通过项目教学法学习模板、库的知识。制作 ASP 应用程序知识的学习也是通过子项目来完成。通过制作“网吧用户信息管理系统”学习配置 IIS 服务器、创建数据库连接的知识。其中创建数据库的连接内容包括创建记录集、添加动态数据、添加重复区域、记录集分页、显示记录数、设置表单、插入记录、更新记录、用户登录和注销以及限制对页的访问等知识。ASP 动态网页制作的知识有一定的难度，为了能引起学生的学习热情、激发他们的学习积极性，特选“网吧用户信息管理系统”作为子项目来学习，为综合项目的学习奠定基础。

第七，项目具体的进度安排。实施过程的第一步是制订项目的实施计划；第二步是分头进行素材的收集；第三步是按照计划展开相应工作。第一周进度是每小组按自己组的主题要求制订出一份项目实施设计计划，在计划中包含小组所负责的主题网站的制作计划以及组内的分工情况，各组的组长需按照主题收集和整理相关素材。通过子项目操作示范，使学生掌握新知识的学习。第二周进度是各个小组将素材整理完毕，确定网站的整体结构以及主色调，分工进行连接页的制作。通过子项目操作示范，使学生掌握新知识的学习。制作过程中通过不断地协商和讨论，最终达成共识。第三周、第四周和第五周进度是实施完善阶段，对有问题的页面进行修改和完善。第六周进度是作品上传，每组选派一名代表，对本小组的项目成果进行展示。

第八，学生小组合作完成项目。在项目制作过程中，学生分组合作共同完成班级网站。每个小组成员会承担各自的模块任务，并作为团队一员贡献力量。完成 8 个模块后，需要进行资源共享，每个小组都需要将这些模块整合起来制作出班级网站。在整合阶段发现问题、分析问题并解决问题。作为指导者的教师需要在发现问题时及时为学生进行讲解、示范和辅导。在小组合作中，小组成员的配合也是至关重要的。在项目制作过程中常会出现一些问题，例如，个别同学思想懈怠、消极怠工、不完成自己的任务；有一些学生的 ASP 基础比较薄弱，掌握程度不太牢固，整合模块时会遇到一些问题，如图像无法显示、链接出错、数据库连接失败等情况；有些小组在整合后，他们的网站页面布局显得不协调，颜色搭配也不完美。由于学生需要重复地制作多个页面，有些同学出现了失去动力的倾向，因此他们的工作效率逐渐下降。如果小组成员之间能够相互激励，这些学生就能重新获得信心并继续完成项目。针对学生基础较薄弱且在动态网页知识学习方面掌握不牢固的情况，可以采用学生互助学习的方式，即由掌握较好的同学担任教学角色，教师在旁指导，这种方法经实践后效果良好。由于其他几个模块内容非本小组所编写，因此模块整合方面会遇到一些困难。为了解决这些问题，学生可以在小组之间展开紧密合作和交流并在教师的指导和支持下，最终排查出问题，成功完成任务。如果出现页面布局和色彩方面的问题，各个小组可以协作解决，相互调整模块的布局和色彩，确保整个页面的风格一致。因为本项目的制作难度和规模比以前的作业都更大，学生需要花费更长的时间来完成，总共安排了 6 周时间。相信在教师和学生的共同努力下，所有问题都可以得到解决，并最终完成班级网站的制作。

第九，呈现小组项目成果。这个阶段的关键是如何将项目教学法的理论知识应用到实践中，以保证项目教学法的有效实施。大部分学校的相关专业课程教学已经开始采用项目教学的方式，但是也在实践中出现

了一些难题。一方面是教材的不足。许多教材宣称自己为“项目化教材”或“立体化精品教材”，但实际上所谓的项目只是一个小案例或任务。如果教师只按照教材的内容来教学，学生通过讲解和教材中的步骤完成任务，会导致学生在知识系统性学习和知识综合运用方面存在缺陷，无法提高学生分析和解决问题的能力。另一方面是项目教学法并不适用于所有计算机课程。在计算机科学教育中，有些课程不适宜采用项目教学法，如文字输入和计算机原理等课程。然而，有些教师却会将项目教学法应用于这些课程。成功的教学并不在于采用何种教学方法，而是根据不同的学生和不同课程的需求，选用最适合的方法来达到最理想的教学效果。因此，没有必要一定要采用某种特定的教学方法。在项目教学中，设计和实施项目是关键和难点。为了确保项目教学法的有效实施，许多教师需要花费大量时间来备课。相比于采用案例或任务教学，项目教学法更为复杂。当教师由于主观因素无法尽到责任时，项目教学法的应用会变成形式主义，无法真正地应用到实践中。

在项目教学中，着重强调过程的完整性。学生需要设计和实施该过程，以将“网页设计与制作”课程中的所有知识点衔接起来，逐步应用这些知识点，循序渐进，由简到繁。根据教学实践和项目教学的层次性，本章详细介绍了个人项目、练习项目和综合项目的实施过程，分别从选题、时间安排、分组、项目分析、项目规划、操作示范、学生在制作过程中遇到的问题以及点评等方面进行了详尽的阐述，以便更好地指导教师和学生实施项目教学。

第四节　计算机课程项目教学的评价

在项目教学实施之后，应对教学的效果进行综合的评价，首先是对前面章节中所设计和实施的项目进行项目结果的评价；其次通过问卷调查的方式对项目教学法实施的效果以及学生的反馈情况进行调查和分析。在项目实施完成之后，采用一定的方式进行项目结果的评价，在该部分主要通过项目结果评价表来实现，具体如表 5-4-1 所示。

表 5-4-1　项目结果评价表

项目名称	子项目名称	成绩	评价标准
组内个人学习情况	学生的创造性	优	主题的表达形式新颖，素材的获取和加工属于原创，构思独特巧妙，内容、结构设计独特，具有想象力与个性表现力
		良	主题的表达形式比较新颖，部分素材的获取与加工属于原创，能够体现出作者的创造力与个性表现力，有一定的构思
	学生的创造性	中	其主题的表达形式较为新颖，大部分的素材获取及加工属于原创，能够体现出作者的创造力与个性表现力，有一定的构思
		差	作品大部分属于抄袭他人作品，没有自己的构思
	作品的思想性与科学性	优	内容积极、主题明确，作品无明显的科学常识性错误，健康向上。其文字内容通顺，能够科学完整地表达出主题思想，没有错别字与繁体字
		良	内容基本上切题，作品无明显的科学常识性错误，并且健康向上，其文字内容比较通顺，能够较完整地表达出主题思想，存在一些错别字与繁体字
		中	内容基本上切题，作品无明显的科学常识性错误，但存在部分的内容偏题，文字内容也比较通顺，基本上能够表达出主题思想，存在比较多的错别字
		差	内容大部分偏题，作品存在明显的科学常识性错误，不能表达出主题思想，出现错别字，文字内容不通顺
	作品的技术性	优	导航与链接运用无误，技术的运用准确且结构清晰
		良	导航与链接运用无误，技术的运用没有错误
		中	导航与链接运用出现一些错误，技术运用出现一些错误
		差	导航与链接运用出现多处错误，技术运用出现多处错误
	作品的艺术性	优	界面布局美观、大方、新颖且合理，能够综合运用各种形式表现主题
		良	界面比较美观且有一定的创意，能够运用多种形式表现主题
		中	主题思想内容明确，页面风格出现不协调，页面的美观性有待加强
		差	主题思想内容不明确，表现的主题形式单一，页面布局不合理，色彩与风格较单一

续表

项目名称	子项目名称	成绩	评价标准
小组协作学习情况	协作学习的技巧	优	能够按进度完成任务，小组的成员团结，能够相处融洽
		良	小组的成员能够按照进度完成任务，但缺乏沟通与交流
		中	基本完成任务，小组的成员未能达成共识，工作不协调
		差	未能完成任务，组内不团结，无沟通
组外个人学习情况	与他人交流、信息获取的能力	优	能够开阔自己的视野，与他人很好地交流，能利用信息技术手段，通过各种途径扩展自己的交流范围
		良	能够与他人进行交流合作，听取别人的建议
		中	能够与他人进行沟通，但沟通能力缺乏
		差	不善于和他人交流合作，也不利用信息技术与他人交流
	审美能力	优	具有一定的审美能力，能够客观准确地评价他人的成果，且能够根据他人的意见，取长补短，对自己的成果进行适当的修改
		良	能够根据他人的意见对自己的成果加以一定的修改，能够准确地评价他人的成果，且具有一定的审美能力
		中	基本能够准确评价他人的成果，对自己的成果进行修改
		差	不能够对他人的成果进行评价或是评价不准确，有严重错误
	创新实践能力	优	能够准确地将自己所需的知识与技能运用到实际的问题中去，在此基础上发现问题、分析问题、解决问题，有创新的意识，敢于与众不同
		良	能够提出新问题、分析问题、解决问题，能够将所学的知识与技能运用到实际的问题中去
		中	提出问题、解决问题的能力不强，基本能够将所学知识运用到实际的问题中去
		差	不能将所学知识与技能运用到实际的问题中，无创新意识

在项目教学的实践过程中，通过教学方式的改变能够调动学生的学习主动性与积极性，通过对学生在项目学习过程中的行为表现进行观察与记录，对学生的反馈进行分析、总结，以提高教学效果。

通过学生所设计制作的网页作品情况来看，其主要反映了学生对自身知识和技能的应用情况，也反映了学生分析问题、解决问题的综合能力。大部分的同学可以根据项目的要求和项目实施的一般流程来进行，在作品评价的过程中，也可以对自己的作品反复修改和完善并进行正确客观的评价。由此可以看出，项目教学法的运用提高了学生的创造能力以及分析问题、解决问题的能力。多数学生对项目教学的学习与制作都能够积极参与，大部分学生能够主动地上网搜索资料，遇到问题后能够互相探讨，对于教师布置的任务能够很好地完成，能够按时提交项目成果，能够准时出勤。由此可见，项目教学法能够有效地调动起学生的学习动力。

项目教学的实施使大部分学生对本课程的学习表现出了浓厚的兴趣，他们觉得这种教学方式比较有趣，可以在一定程度上提高学习的积极性，教学的效果也明显地增强了。学生对“网页设计与制作”课程感兴趣的主要原因有如下几种。有些学生对课程感兴趣主要是想拥有一技之长，这点表明学生对于自身学习的方向和社会的需求有比较好的定位。有的学生对课程感兴趣是因为在项目教学中，其学习的资源相对比较丰富，并且实践的机会也比较多，觉得可以通过这些学习来达到提高自身的动手能力的目的。当然，也有一小部分学生是出于外在压力较大的原因来学习的。以上能够看出，学生学习的动机仍然受外在因素的影响，并占据了主导性的地位，而由内在动机支配的动机仍然比较薄弱。所以，在今后的教学过程中教师应多注意对学生学习兴趣的培养和激发，特别是对学生内在的学习动机进行激发。

多数的学生觉得项目教学法的实施能够培养其大部分的能力。学生对于项目教学法能够培养其网页制作的能力的认同率为最高，这是由于项目教学法可以为学生创造更多实践和操作的机会，学生能够在项目的完成过程中去查找和获取大量的网络资源并且练习与网页设计与制作相关的一些软件的应用，这在很大程度上让学生的网页设计与制作能力得到提高，也是项目教学法运用并开展教学活动的最终目的。

在项目教学法实施之后，可以发现项目教学法能够在一定程度上调动起学生的学习积极性，激发起学生学习的兴趣。然而学生在自身能力

得到提高的同时也遇到了以下问题。

第一，学生一开始就觉得在项目的学习过程中所面临的最大困难就是没有项目的学习经验以及技巧，从这点能够看出，学生对于传统的案例教学法、任务教学法较为依赖，其对于新的教学方式仍存在着一定的排斥心理，需要时间去接受和调整。

第二，有一部分学生觉得学校现有的网络基础设施仍不足，其能够被利用的资源较少，这是造成其学习困难的另一个原因。

第三，还有一些学生在项目的学习中产生困难的原因表现在对项目的学习缺乏动力与信心。

第四，项目的学习问题与当前项目教学教材的匮乏也有一定的关系，学生往往是利用多种资源进行项目的学习。

根据学生所提出的这些问题，作者认为想要彻底地改变这一教学现状，仍需要在今后的教学过程中去不断地探索，把项目教学法具体地应用到更多的课程教学中去，逐步地对学生的学习方式进行改变。与此同时，在今后的教学过程中，教师不仅要尽量提供给学生更为丰富的学习资源，还要教授学生获取学习资源的方法。

计算机课程项目教学中，教学是围绕着完成项目工作这一中心来展开的，因此评价学生学习效果应主要以完成项目的情况来评定。项目教学法让学生真正品尝到成功的喜悦，体验到自身的成就感，认识到自己的智力潜能，使其对学习产生了极大兴趣，并提高了学生的沟通能力、分析和解决问题能力、团队协作能力、语言表达能力，使学生能满足企业的用人需求。在项目实施时，要求学做一体，理论与实践一体，要让学生有独立制订计划并实施的机会，使学生在一定时间范围内可以自行组织、安排自己的学习行为，避免教师大包大揽。同时教学中以合作式学习为主，学生组成进行知识技能学习的学习小组，该小组也是进行产品设计等项目生产的工作小组。在计算机课程项目教学评价中要以学生完成项目的情况来评价学生学习效果。

教师评价内容包括 3 个方面：第一，对教师在实施项目教学过程中对实施项目内容及总体创新的引导情况进行评价；第二，对学生在项目学习中小组合作、逻辑分析、组织信息、方案制定与实施、自主探索情况进行评价；第三，对学生进行核心素养的培育情况进行评价。评价目标依据学科核心素养水平，评价内容依据学业质量水平，评价方式包括上机测试、作品评价等，评价维度应充分科学、合理，并将评价表发给学生填写，以收集数据，分析评定。评价最后得出结论，即学生是否达到教学目标，从而测出学生核心素养水平等级。

学生设计的计算机课程项目可以自己选题，学生可以将社会、经济、文化、科技和生活中的问题作为项目进行选题，通过自主探究、亲身实践的过程综合地运用已有知识和经验解决问题。在项目学习时，学生需要根据所学知识进行原创作品的创作，再对作品进行认知能力及情感情绪等方面的评价。如在导演项目教学中，应分析学生的作品设计及实践活动能力，通过作品了解其信息技能的掌握情况，采用自主评价、互评及师评等互动式评价方式，以减少主观偏差，教师需要对评价的整个过程给予科学的指导，并对评价结果进行指示，制定必需的规则及评分标准，以便为合理评价学生提供依据。学生处于一种开放式的学习环境中，有利于其创新精神和实践能力的培养。

随着计算机技术和网络技术的迅猛发展，信息和知识在社会发展中扮演着越来越重要的角色，信息化已经成为社会发展的主流，推动着整个社会的进步。在这种环境下，计算机课程项目教学尤为重要。作为信息技术教学中的重要组成部分，计算机课程项目教学的评价除了要具备调节、反馈、改善教学质量等功能，还应满足新课改的要求，推动学生的成长及发展。因此，构建合理的教学评价体系对于信息化教学大有裨益。高校信息技术课程以时代为背景，评价时不能仅仅以考试为核心进行横向比较，这样不利于提升学生信息技术素质，也不能确保评价的真实性与实效性。

参考文献

［1］ 孟伟东. 高校计算机教学模式构建与创新［M］. 太原：山西经济出版社，2021.

［2］ 孙俊逸，刘腾红，湛俊三. 高校计算机教育教学创新研究［M］. 武汉：华中科技大学出版社，2010.

［3］ 张应奎. 计算机辅助教学论［M］. 昆明：云南大学出版社，2011.

［4］ 柴文慧，秦勤，张会. 云技术发展与计算机教学创新［M］. 昆明：云南科技出版社，2019.

［5］ 李炳乾. 计算机教学模式研究［M］. 长春：吉林大学出版社，2017.

［6］ 缪丹，陈建树，王振宇. 计算机教学模式研究［M］. 北京：中国纺织出版社，2017.

［7］ 林士敏，覃德泽. 计算机辅助教学教程［M］. 南宁：广西科学技术出版社，2007.

［8］ 申晓. 计算思维与计算机基础教学研究［M］. 成都：电子科技大学出版社，2018.

［9］ 李宝珠. 信息技术时代高校计算机教学模式构建与创新［M］. 长春：吉林出版集团股份有限公司，2022.

［10］ 徐大海. 计算机教学模式与策略探究［M］. 延吉：延边大学出版社，2019.

［11］ 申剑蓉. 基于现代教育技术的计算机教学模式分析［J］. 电子技术，2023，52（7）：142-144.

［12］ 张璇. 网络资源在高校计算机教学中的应用［J］. 科技资讯，2022，20（23）：161-164.

［13］ 魏宏，徐鲁鲁. 虚拟技术在高校计算机教学改革中的应用研究［J］. 湖北开放职业学院学报，2022，35（15）：157-159.

［14］ 余量. 信息化背景下的高职计算机教学改革探析［J］. 科技风，2022（20）：118-120.

［15］ 李亚平. 多媒体技术在中职计算机教学中的应用［J］. 中国新通

信，2022，24（12）：96-98.

［16］ 陈明睿. 基于现代教育技术的高校计算机教学模式分析［J］. 科技视界，2022（17）：94-96.

［17］ 冯长松. 产教融合下中职计算机教学模式探讨［J］. 黑龙江科学，2022，13（9）：124-125.

［18］ 方思懿. 基于互联网的计算机教学实践分析［J］. 集成电路应用，2022，39（5）：190-191.

［19］ 张娜. “互联网+”时代高校计算机教学策略研究［J］. 山东开放大学学报，2022（1）：45-47.

［20］ 陈丽. 计算机教学面临的问题和解决策略［J］. 无线互联科技，2021，18（9）：157-158.

［21］ 孔祥亮. 小组合作学习在中师计算机教学中的应用［D］. 济南：山东师范大学，2013.

［22］ 耿俊. 计算机辅助教学软件设计与开发［D］. 济南：山东师范大学，2003.

［23］ 刘燕. 计算机辅助教学实践及其思考［D］. 福州：福建师范大学，2001.

［24］ 余铁. 个性化计算机辅助教学系统的设计与实现［D］. 成都：电子科技大学，2013.

［25］ 秦迎. 计算机辅助教学在蒙古族高中英语词汇教学中的应用研究［D］. 锦州：渤海大学，2020.

［26］ 金涛. 计算机辅助教学发展历史和趋势研究［D］. 呼和浩特：内蒙古师范大学，2009.

［27］ 李思琪. 计算机教学软件的设计与实现［D］. 北京：北京工业大学，2018.

［28］ 丁忻浩. 基于 VR 的计算机辅助教学系统的设计与实现［D］. 厦门：厦门大学，2017.

［29］ 韩应欣. 翻转课堂教学模式在中职计算机教学中的应用研究［D］. 哈尔滨：哈尔滨师范大学，2017.

［30］ 周盈芳. 高校计算机教学综合管理系统的设计与实现［D］. 武汉：湖北工业大学，2017.